高等学校电子信息类专业系列教材

电工电子技能实训教程

（第二版）

主　编　顾　涵　张惠国
副主编　夏金威　刘玉申

西安电子科技大学出版社

内容简介

本书为结合科技发展及教学改革的新形势,基于培养适应社会需求的高素质应用型人才的目的,按照高等理工科院校本科专业相关课程(电工实习、电子工艺实训、电工工艺工程训练、电子工艺工程训练)的基本要求而编写的实训教材。

本书分成三篇,共 10 章。第一篇为电工技能实训(包括安全用电常识、常用电工仪表的使用、常用低压元器件、三相异步电动机绕组结构、三相异步电动机的控制线路设计、电工技能综合实训);第二篇为电子工艺实训(包括电子设备装接技术、SMT 及其应用)。第三篇为 PLC 控制实训(包括 PLC 控制基础项目、PLC 控制拓展项目)。这三篇既可以独立使用,也可以合并使用。

本书可作为电子信息类专业及其他相关专业电工电子类课程的实训教材,也可作为非电类专业相关课程实践教学的参考书。

图书在版编目(CIP)数据

电工电子技能实训教程 / 顾涵,张惠国主编. -- 2 版. -- 西安：西安电子科技大学出版社,2025. 7. -- ISBN 978-7-5606-7636-4

Ⅰ. TM;TN

中国国家版本馆 CIP 数据核字第 20258Q6116 号

电工电子技能实训教程
DIANGONG DIANZI JINENG SHIXUN JIAOCHENG

策　　划　高樱
责任编辑　刘启薇　高　樱
出版发行　西安电子科技大学出版社(西安市太白南路 2 号)
电　　话　(029) 88202421　88201467　　　邮　编　710071
网　　址　www. xduph. com　　　电子邮箱　xdupfxb001@163.com
经　　销　新华书店
印刷单位　陕西日报印务有限公司
版　　次　2025 年 7 月第 2 版　　　2025 年 7 月第 1 次印刷
开　　本　787 毫米×1092 毫米　1/16　　　印　张　14.5
字　　数　335 千字
定　　价　49.00 元

ISBN 978-7-5606-7636-4

XDUP 7937002-1

＊＊＊如有印装问题可调换＊＊＊

高等学校电子信息类专业系列教材

编审专家委员会名单

前　言

电工电子技能实训是应用型本科院校电子信息类及其他相关专业的重要实践课程之一，属于课程体系中的工程技术型课程。通过对该课程的学习与实践，学生能够了解基本的安全用电常识，掌握常用电工仪表的使用、常用低压元器件的识别、三相异步电动机的控制线路设计等方法，认识电子产品在生产过程中的装配工艺，学会合理编写产品技术文件，并在生产实践中提升工艺管理和质量控制能力，从而为今后的学习和工作奠定良好基础。

本书的内容依据电子信息类及其他相关专业的工作任务进行设置。本书以实训任务为主线组织教学内容，将完成任务所需的相关理论知识融入具体实训之中，在完成具体实训任务的过程中学习、领悟相关知识，锻炼职业能力，掌握理论知识。

本书是在原第一版的基础上修订而成的。此次修订对第 5 章三相异步电动机的控制线路设计进行了整体修订，增加了实训任务，给出了实训步骤，简化了讨论、检查和调试环节，以引导学生更好地自主完成实训任务，使内容安排更加科学、合理、实用。三相异步电动机作为工业生产中广泛应用的重要设备，其控制线路的设计直接关系到生产的效率和安全性。修订之后，学生能够更好地理解和掌握三相异步电动机的控制原理和方法，提高实践操作能力，为今后从事相关工作打下坚实的基础。

此次修订还增加了第三篇 PLC 控制实训的内容。随着工业自动化的不断发展，PLC 技术在各个领域得到了广泛应用。新增的"PLC 控制实训"内容能够让学生紧跟时代发展的步伐，了解和掌握先进的自动化控制技术，进一步提高学生的就业竞争力。

另外，此次修订还增加了课程思政内容，将价值塑造、知识传授和能力培养三者融为一体，培养学生的家国情怀、职业道德和社会责任感，使学生在掌握专业技能的同时，树立正确的世界观、人生观和价值观，这一举措具有重大意义。

在修订过程中，编者认真研究了现阶段学生的知识体系和基本能力，准确把握应用型人才培养的目标定位及其知识与能力结构，注重培养学生掌握必备的基本理论、专门知识和基本技能。本次修订以理论够用为度，着重强调对知识、技能和方法的理解、掌握和运用。

　　本书可作为电子信息类专业及其他相关专业的实训教材，也可作为非电类专业相关课程实践教学的参考书。本书由苏州工学院的顾涵、张惠国老师担任主编，夏金威、刘玉申老师担任副主编，顾涵、张惠国老师编写了第一篇，顾涵、夏金威、刘玉申老师共同编写了第二篇和第三篇，潘启勇老师对编写过程进行了指导。全书由顾涵老师负责组织、统稿工作。

　　本书参考了大量国内外专家、学者的著作和文献，在此，我们对书中所引用参考资料的作者表示忠心的感谢。书中部分内容材料来自互联网，其原作者无法一一查证和联系，我们也深表歉意和感谢！

　　由于编者水平和经验有限，书中难免有不妥之处，敬请读者批评指正。

编者
2025 年 2 月

第 一 版 前 言

电工电子技能实训是应用型本科院校电子信息类及其他相关专业的重要实践课程之一。通过本课程的学习与实践，学生可以了解基本的安全用电常识，掌握常用电工仪表的使用、常用低压元器件的识别、三相异步电动机的控制线路设计方法，认识电子产品在生产过程中的装配工艺，学习合理编写产品技术文件，并在生产实践中提高工艺管理、质量控制能力，为今后的学习和工作打下良好的基础。

本教程的内容是根据电子信息类及其他相关专业的工作任务而设置的。本教程以实训任务为主线来组织内容，将完成任务必需的相关理论知识构建于具体实训内容之中，学生在完成具体实训任务的过程中学会完成相应的工作，训练职业能力，掌握相应的理论知识。

本教程分成两篇，共 8 章，第一篇为电工技能实训，第二篇为电子工艺实训。编者在编写过程中认真研究了现阶段学生的知识体系和能力内涵，正确认识应用型人才培养的目标定位及其知识与能力结构，注重培养学生掌握必备的基本理论、专门知识和基本技能，把握理论以够用为度，知识、技能和方法以理解、掌握、初步运用为度的编写原则。

本教程可作为电子信息类专业及其他相关专业相关课程的实训教材，也可作为非电类相关课程实践教学的参考书。

本教程由常熟理工学院顾涵老师担任主编，夏金威、刘玉申老师担任副主编。其中顾涵老师编写了第一篇，顾涵、夏金威、刘玉申老师共同编写了第二篇，钱斌教授对编书过程进行了指导，全书由顾涵负责组织、统稿工作。

本教程部分内容材料来自互联网，其原作者无法一一查证和联系，对此深表歉意和感谢！

由于编者水平和经验有限，书中难免有疏漏之处，敬请读者批评指正。

编　者
2017 年 1 月

目　录

第一篇　电工技能实训

电工技能实训时要注意遵守相关规则：

（1）进入电工实训室后按指定的实验台就位，未经许可不得擅自挪换仪器设备。

（2）要爱护仪器设备及其他公物，凡违反操作规程、不听从教师指导而损坏仪器者，按规定赔偿。

（3）未经指导教师许可，不得做规定以外的实训项目。

（4）要保持实训室的整洁和安静，不准大声喧哗，不准随地吐痰，不准乱丢纸屑及杂物。

（5）必须严格按设备操作说明的要求去使用设备，注意人身及设备安全，不要盲目操作。

第1章　安全用电常识

我国 GB 2894—2008《安全标志及其使用导则》规定在容易发生事故或危险性较大的场所需设置安全标志，并列出了所有安全标志。与电力安全有关的标志主要有 35 种，辅助标志由地方有关部门根据需要设计制作。经常用到的安全标志图形如图 1-1 所示。

<table>
<tr><td>禁止吸烟</td><td>禁止使用明火</td><td>禁止堆放易燃物</td></tr>
<tr><td>禁止启动</td><td>禁止用水救火</td><td>禁止合闸</td><td>禁止靠近</td></tr>
<tr><td>注意安全</td><td>当心触电</td><td>当心电缆</td></tr>
</table>

图 1-1　常用安全标志图形

安全用电包括供电系统的安全、用电设备的安全及人身安全三个方面，它们之间是紧密联系的。供电系统的故障可能导致用电设备的损坏或人身伤亡事故，而用电事故也可能导致局部或大范围停电，甚至造成严重的社会灾难。

1.1　安全用电与安全操作知识

1. 安全用电知识

在用电过程中，必须特别注意电气安全，如果稍有麻痹或疏忽，就可能造成严重的人身触电事故,或者引起火灾或爆炸,给国家和人民带来极大的损失。

根据我国交流工频安全电压上限值的规定,在任何情况下,两导体间或任一导体与地之间的电压都不得超过 50 V。我国的安全电压的额定值为 42、36、24、12、6 V。手提照明灯、危险环境的携带式电动工具应采用 36 V 安全电压;金属容器内、隧道内、矿井内等工作场合,狭窄、行动不便及周围有大面积接地导体的环境,应采用 24 V 或 12 V 安全电压,以防止因触电而造成人身伤害。

2. 安全操作知识

在电工实训操作过程中,要注意操作规范,避免产生安全问题。

(1) 在进行电工安装与维修操作时,必须严格遵守各种安全操作规程,不得玩忽职守。

(2) 进行电工操作时,要严格遵守停、送电操作规定,切实做好突然送电的各项安全措施,不准进行约时送电。

(3) 在邻近带电部分进行电工操作时,一定要保持可靠的安全距离。

(4) 严禁采用一线一地、两线一地、三线一地(指大地)安装用电设备和器具。

(5) 在一个插座或灯座上不可引接功率过大的用电器具。

(6) 不可用潮湿的手去触摸开关、插座和灯座等用电装置,更不可用湿抹布去揩抹电气装置和用电器具。

(7) 操作工具的绝缘手柄、绝缘鞋和手套的绝缘性能必须良好,并作定期检查。登高工具必须牢固可靠,也应作定期检查。

(8) 在潮湿环境中使用移动电器时,一定要采用 36 V 安全低压电源。在金属容器(如锅炉、蒸发器或管道等)内使用移动电器时,必须采用 12 V 安全电源,并应有人在容器外监护。

(9) 发现有人触电,应立即断开电源,采取正确的抢救措施救助触电者。

1.2 触电的危害与急救

人体是导电体,一旦有电流通过时将会受到不同程度的伤害。触电的种类、方式及条件不同,受伤害的后果也不一样。

1. 触电的种类

人体触电有电击和电伤两类。

电击是指电流通过人体时所造成的内伤。它可以使肌肉抽搐、内部组织损伤,造成发热发麻、神经麻痹等,严重时将引起昏迷、窒息,甚至心脏停止跳动而死亡。通常说的触电就是指电击,触电死亡大部分由电击造成。

电伤是指电流的热效应、化学效应、机械效应以及在电流本身作用下造成的人体外伤,常见的有灼伤、烙伤和皮肤金属化等现象。

2. 触电方式

1) 单相触电

单相触电是常见的触电方式,人体的某一部分接触带电体的同时,另一部分又与大地或中性线相接,电流从带电体流经人体到大地(或中性线)形成回路,如图 1-2 所示。

图1-2 单相触电

2）两相触电

两相触电指人体的不同部分同时接触两相电源时造成的触电，如图1-3所示。对于这种情况，无论电网中性点是否接地，人体所承受的线电压将比单相触电时更高，危险更大。

图1-3 两相触电

3）跨步电压触电

对于外壳接地的电气设备，当绝缘损坏而使外壳带电，或导线断落发生单相接地故障时，电流由设备外壳经接地线、接地体（或由断落导线经接地点）流入大地，向四周扩散。如果此时人站立在设备附近地面上，两脚之间也会承受一定的电压，称为跨步电压。跨步电压的大小与接地电流、土壤电阻率、设备接地电阻及人体位置有关，当接地电流较大时，跨步电压会超过允许值，发生人身触电事故。特别是在发生高压接地故障或雷击时，会产生很高的跨步电压，如图1-4所示。跨步电压触电也是危险性较大的一种触电方式。

图1-4 跨步电压触电

除以上三种触电方式外，还有感应电压触电、剩余电荷触电等。

3. 影响电流对人体危害程度的主要因素

电流对人体危害的严重程度与通过人体电流的大小、频率、持续时间、通过人体的路径及人体电阻的大小等多种因素有关，不同电流对人体的影响见表1-1。

表1-1　不同电流对人体的影响

电流/mA	通电时间	人体反应	
		工频电流	直流电流
0～0.5	连续通电	无感觉	无感觉
0.5～5	连续通电	有麻刺感	无感觉
5～10	数分钟以内	痉挛、剧痛，但可摆脱电源	有针刺感、压迫感及灼热感
10～30	数分钟以内	迅速麻痹、呼吸困难、血压升高，不能摆脱电流	压痛、刺痛、灼热感强烈，并伴有抽筋
30～50	数秒钟到数分钟	心跳不规则、昏迷、强烈痉挛、心脏开始颤动	感觉强烈，剧痛，并伴有抽筋
50～数百	低于心脏搏动周期	受强烈冲击，但未发生心室颤动	剧痛、强烈痉挛、呼吸困难或麻痹
	高于心脏搏动周期	昏迷、心室颤动、呼吸麻痹、心脏麻痹	

1）电流大小

通过人体的电流越大，人体的生理反应就越明显，感应越强烈，引起心室颤动所需的时间越短，致命的危险越大。

对于工频交流电，按照通过人体电流的大小和人体所呈现的不同状态，大致分为下列三种。

（1）感觉电流是指引起人体感觉的最小电流。实验表明，成年男性的平均感觉电流约为1.1 mA，成年女性为0.7 mA。感觉电流不会对人体造成伤害，但电流增大时，人体反应变得强烈，可能造成坠落等间接事故。

（2）摆脱电流是指人体触电后能自主摆脱电源的最大电流。实验表明，成年男性的平均摆脱电流约为16 mA，成年女性的约为10 mA。

（3）致命电流是指在较短的时间内危及生命的最小电流。实验表明，当通过人体的电流达到50 mA以上时，心脏会停止跳动，可能导致死亡。

2）电流频率

一般认为40～60 Hz的交流电对人体最危险。随着频率的增高，对人体的危险性将降低。

3）通电时间

通电时间越长，电流使人体发热，人体组织的电解液成分增加，导致人体电阻降低，反过来又使通过人体的电流增加，触电的危险亦随之增加。

4）电流路径

电流流过头部可使人昏迷；通过脊髓可能导致瘫痪；通过心脏会造成心跳停止，血液循环中断；通过呼吸系统会造成窒息。因此，从左手到胸部是最危险的电流路径，从手到手、从手到脚也是很危险的电流路径，从脚到脚是危险性较小的电流路径。

4. 触电急救

触电急救的要点是要动作迅速、救护得法，切不可惊慌失措、束手无策。

1）触电急救要点

人触电以后，可能由于痉挛或失去知觉等原因而紧抓带电体，不能自行摆脱电源。这时，使触电者尽快脱离电源是救活触电者的首要因素。

对于低压触电事故，可采用下列方法使触电者脱离电源。

（1）触电地点附近有电源开关或插头，可立即断开开关或拔掉电源插头，切断电源。

（2）电源开关远离触电地点时，可用有绝缘柄的电工钳或有干燥木柄的斧头分相切断电线，断开电源；或将干木板等绝缘物插入触电者身下，以隔断电流。

（3）电线搭落在触电者身上或被压在身下时，可用干燥的衣服、手套、绳索、木板、木棒等绝缘物作为工具，拉开触电者或挑开电线，使触电者脱离电源。

对于高压触电事故，可以采用下列方法使触电者脱离电源。

（1）立即通知有关部门停电。

（2）戴上绝缘手套，穿上绝缘靴，用相应电压等级的绝缘工具断开开关。

（3）抛掷裸金属线使线路短路接地，迫使保护装置动作，断开电源。注意在抛掷金属线前，应将金属线的一端可靠地接地，然后抛掷另一端。

2）脱离电源的注意事项

脱离电源的注意事项有以下几点：

（1）救护人员不可以直接用手或其他金属及潮湿的物件作为救护工具，而必须采用适当的绝缘工具且单手操作，以防止自身触电。

（2）防止触电者脱离电源后可能造成的摔伤。

（3）如果触电事故发生在夜间，应当迅速解决临时照明问题，以利于抢救，并避免扩大事故。

5．现场急救方法

当触电者脱离电源后，应当根据触电者的具体情况，迅速地对症进行救护。现场可采用的主要救护方法是人工呼吸法和胸外心脏挤压法。

对触电者进行救治时，大体上按照三种情况分别处理。

（1）如果触电者伤势不重，神志清醒，但是有些心慌、四肢发麻、全身无力；或者触电者在触电的过程中曾经一度昏迷，但已经恢复清醒。在这种情况下，应当使触电者安静休息，不要走动，严密观察，并请医生前来诊治或送往医院。

（2）如果触电者伤势比较严重，已经失去知觉，但仍有心跳和呼吸，这时应当使触电者舒适、安静地平卧，保持空气流通。同时解开他的衣服，以利于呼吸，如果天气寒冷，要注意保温，并立即请医生诊治或送往医院。

（3）如果触电者伤势严重，呼吸停止或心脏停止跳动或两者都已停止，则应立即施行人工呼吸和胸外挤压，并迅速请医生诊治或送往医院。应当注意，急救要尽快进行，不能等候医生的到来，在送往医院的途中也不能中止急救。

1）口对口人工呼吸法

口对口人工呼吸法是在触电者呼吸停止后采用的急救方法。

具体步骤如下：

（1）使触电者仰卧，迅速解开其衣领和腰带。

（2）将触电者头偏向一侧，清除口腔中的异物，使其呼吸畅通，必要时可用金属匙柄由口角伸入，使口张开。

（3）救护者站在触电者的一边，一只手捏紧触电者的鼻子，一只手托在触电者颈后，使触电者颈部上抬，头部后仰，然后深吸一口气，用嘴紧贴触电者嘴，大口吹气，接着放松触电者的鼻子，让气体从触电者肺部排出。每 5 s 吹气一次，不断重复地进行，直到触电者苏醒为止，如图 1-5 所示。

(a) (b) (c)

图 1-5　人工呼吸法

对儿童施行此法时，不必捏鼻。开口困难时，可以使其嘴唇紧闭，对准鼻孔吹气（即口对鼻人工呼吸），效果相似。

2）胸外心脏挤压法

胸外心脏挤压法是触电者心脏跳动停止后采用的急救方法。

具体操作步骤如图 1-6 所示。

(a) (b) (c) (d)

图 1-6　胸外心脏挤压法

（1）将触电者仰卧在结实的平地或木板上，松开衣领和腰带，使其头部稍后仰（颈部可枕垫软物），抢救者跪跨在触电者腰部两侧。

（2）抢救者将右手掌放在触电者胸骨处，中指指尖对准其颈部凹陷的下端，左手掌覆压在右手背上（对儿童可用一只手），如图 1-6(b)所示。

（3）抢救者借身体重量向下用力挤压，压下 3~4 cm，突然松开，如图 1-6(d)所示。挤压和放松动作要有节奏，每秒钟进行一次，每分钟宜挤压 60 次左右，不可中断，直至触电者苏醒为止。要求挤压定位要准确，用力要适当，防止用力过猛给触电者造成内伤和用力过小挤压无效，对儿童用力要适当小些。

（4）触电者呼吸和心跳都停止时，允许同时采用"口对口人工呼吸法"和"胸外心脏挤压法"。单人救护时，可先吹气 2~3 次，再挤压 10~15 次，交替进行。双人救护时，每 5 s 吹气一次，每秒钟挤压一次，两人同时进行操作。

抢救既要迅速又要有耐心，即使在送往医院途中也不能停止急救。此外不能给触电者打强心针、泼冷水或压木板等。

1.3　课程思政——职业素养

电子电工类专业作为信息时代热门的技术类专业，不仅需要迎合市场的变化，更要培养符合企业生产和经营需求的复合型技术人才。因此将职业素养的培养作为教育改革的重心，可以保障应用型本科学生进入社会后能尽快适应职场生活，满足岗位工作的需要，为社会创造更多的价值，从而推动行业的发展。

所谓职业素养，实质上属于一种复合性概念，从宏观上讲是某一行业本身的内在要求和行业规范，是对从业者能否胜任本职工作的一种评判，同时也是求职者在叩开职场大门时的敲门砖。而电子电工专业从业者的职业素养除了熟练掌握电子电工类的行业技能外，还包含人生态度、价值认识、道德品行和政治素养，以及对未来职业发展的规划、职业操守、工作态度及发展潜力等。

1. 技术知识和技能储备

电工需要深入了解电气原理和理论，包括电流、电压和电阻的关系，以及电路的工作原理等。电工也需要熟悉各种电气符号和标准，以便能够正确地进行电路布线和接线。同时，电工还需要掌握电气设备的操作和维护方法，包括电路开关、断路器和电气控制设备等，并且能够准确地识别电气故障，并能够修复或更换损坏的设备。

2. 问题解决能力的养成

电工应具备识别和排除故障的能力，能够迅速、准确地判断故障的原因，并采取适当的措施进行修复。此外，电工还需要具备分析和解决电气问题的能力，能够仔细地分析问题的根源，并提出解决方案，以确保电气系统的正常运行。

同时，电工需要具有严谨的思维方式和良好的工作习惯，这是在工作中能够高效解决问题的基础。

3. 持续学习和更新专业知识

随着科技的发展，电工需要不断学习新的技术和知识，以适应行业发展的需求。因此，持续学习和更新专业知识对于电工来说是非常重要的。

4. 良好的沟通能力的加强

电工在工作中可能需要与不同的专业人员合作，所以良好的沟通能力也是他们必备的职业素养之一。

5. 合理利用工具和技术提高工作效率

电工在使用各种工具和技术时，需要合理利用这些工具和技术来提高自己的工作效率。

第2章　常用电工仪表的使用

本章主要介绍常用电工仪表的使用。通过相应的实训项目，结合评分标准给出评价，促使学生熟练掌握电工仪表基本的使用方法，为后续实训内容打下基础。

2.1　万用表的使用

一、实训目的

(1) 熟练掌握用万用表测量电阻的使用方法。

(2) 熟练掌握用万用表测量交直流电压的使用方法。

(3) 熟练掌握用万用表测量直流电流的使用方法。

(4) 熟练掌握万用表的日常维护方法。

二、实训项目

用万用表测电阻、交流电压、直流电压、直流电流。

三、实训器材

DT-830万用表、各种规格的电阻、交直流电源。

四、知识概述

1. 电工仪表常识

电工仪表是用于测量电压、电流、电能、电功率等电量和电阻、电感、电容等电路参数的仪表，在电气设备安全、经济、合理运行的监测与故障检修中起着十分重要的作用。电工仪表的结构性能及使用方法会影响电工测量的精确度，电工必须能合理选用电工仪表，而且要了解常用电工仪表的基本工作原理及使用方法。

常用电工仪表有：直读指示仪表，它把电量直接转换成指针偏转角，如指针式万用表；比较仪表，它与标准器比较，并读取二者比值，如直流电桥；图示仪表，它显示两个相关量的变化关系，如示波器；数字仪表，它把模拟量转换成数字量直接显示，如数字万用表。常用电工仪表按其结构特点及工作原理分类，有磁电式、电磁式、电动式、感应式、整流式、静电式和数字式等。

2. 仪表准确度等级

1) 仪表的误差

仪表的误差是指仪表的指示值与被测量对象的真实值之间的差异，它有三种表示形式：绝对误差、相对误差和引用误差。

仪表的误差分为基本误差和附加误差两部分。基本误差是由于仪表本身特性及制造、装配缺陷所引起的，基本误差的大小是用仪表的引用误差表示的。附加误差是由仪表使用时外界因素的影响所引起的，如外界温度、外来电磁场、仪表工作位置等。

2）仪表准确度等级

仪表准确度等级共分为 7 个，如表 2-1 所示。

表 2-1　仪表准确度等级

准确度等级	0.1	0.2	0.5	1.0	1.5	2.5	5.0
基本误差/%	±0.1	±0.2	±0.5	±1.0	±1.5	±2.5	±5.0

通常 0.1 级和 0.2 级仪表为标准表；0.5 级至 1.0 级仪表用于实验室；1.5 级至 5.0 级仪表则用于电气工程测量。测量结果的精确度不仅与仪表的准确度等级有关，而且与它的量程也有关。因此，通常选择量程时应尽可能使读数占满刻度 2/3 以上。

3. 数字式万用表的外形及测量范围

万用表是一种多功能、多量程的便携式电工仪表，一般的万用表可以测量直流电流、直流电压、交流电压和电阻等。有些万用表还可测量电容、功率、晶体管共射极直流放大系数等，所以万用表是电工必备的仪表之一。万用表可分为指针式万用表和数字式万用表。

以 DT-830 型数字万用表（图 2-1）为例说明其测量范围和使用方法。

图 2-1　DT-830 型数字万用表

1）测量范围

直流电压分为 5 挡，即 200 mV、2 V、20 V、200 V 和 1000 V。

交流电压分为 5 挡，即 200 mV、2 V、20 V、200 V 和 750 V。

直流电流分为 5 挡，即 200 μA、2 mA、20 mA、200 mA 和 10 A。

交流电流分为 5 挡，即 200 μA、2 mA、20 mA、200 mA 和 10 A。

电阻分为 6 挡，即 200 Ω、2 kΩ、20 kΩ、200 kΩ、2 MΩ 和 20 MΩ。

2）DT-830 型数字万用表的面板显示

DT-830 型数字万用表可显示四位数字，最高位只能显示"1"或不显示数字（算半位），故称三位半。最大指示为"1999"或"-1999"。当测量结果超过最大指示值时，显示"1"。

（1）电源开关。使用时将开关置于"ON"位置；使用完毕置于"OFF"位置。

（2）转换开关。用以选择功能和量程，根据被测的电量（电压、电流、电阻等）选择相应的功能位；按被测量程的大小选择合适的量程。

（3）输入插孔。将黑表笔插入"COM"插孔，红表笔有如下三种插法：测量电压和电阻时插入"V·Ω"插孔；测量小于 200 mA 的电流时插入"mA"插孔；测量大于 200 mA 的电流时插入"10 A"插孔。

4. 用万用表测量电阻时的注意事项

用万用表测量电阻有以下注意事项：

（1）不允许带电测量电阻，否则会烧坏万用表。

（2）万用表内干电池的正极与面板上标有"V·Ω"的插孔相连，干电池的负极与面板上标有"COM"的插孔相连。在测量电解电容和晶体管等器件的电阻时要注意极性。

（3）每换一次倍率挡，要重新进行电调零。

（4）不允许用万用表电阻挡直接测量高灵敏度表头内阻，以免烧坏表头。

（5）不准用两只手捏住表笔的金属部分测电阻，否则会将人体电阻并接于被测电阻而引起测量误差。

（6）测量完毕，将转换开关置于交流电压最高挡或空挡。

5. 仪表保养

万用表是精密仪器，使用者不要随意更改电路。

（1）请注意防水、防尘、防摔。

（2）不宜在高温、高湿、易燃易爆和强磁场的环境下存放、使用仪表。

（3）请使用湿布和温和的清洁剂清洁仪表外表，不要使用研磨剂及酒精等烈性溶剂。

（4）如果长时间不使用，应取出电池，防止电池漏液腐蚀仪表。

（5）注意电池使用情况，当欧姆挡不能调零（指针表）或屏幕显示缺电符号（数字表）时，应及时更换电池，虽然任何标准 9 V 电池都能使用，但为延长使用时间，最好使用碱性电池。

五、实训内容

1. 万用表测量 10 kΩ 电阻

1）测量 10 kΩ 电阻的步骤

（1）将红表笔插入万用表"V·Ω"插孔；黑表笔插入万用表"COM"插孔。

（2）选择合适挡位即欧姆挡，选择合适倍率。

（3）将红、黑表笔短接，看指针是否指零。如果不指零，可以通过调整调零按钮使指针指零。

（4）取下待测电阻（10 kΩ）即使待测电阻脱离电源，将红、黑表笔并联在电阻两端。

（5）观察示数是否在表的中值附近。

（6）如指针偏转太小，则更换更大量程；相反则更换更小量程测量。

2）注意事项

（1）欧姆调零时，手指不要触摸表笔金属部分。

（2）每换一次倍率挡，都要重新进行欧姆调零，以保证测量准确。

（3）对于难以估计阻值大小的电阻可以采用试接触法，观察表笔摆动幅度，摆动幅度太大要换大的倍率，相反换小的倍率，使指针尽可能在刻度盘的 1/3～2/3 区域内。

（4）使待测电阻脱离电源部分。

（5）读数时，要用表盘示数乘以倍率。

2. 万用表测量电压

1) 测量 36 V 交流电压的步骤

(1) 将红表笔插入万用表"V·Ω"插孔，黑表笔插入万用表"COM"插孔。

(2) 将万用表选到合适挡位，即交、直流电压挡，选择合适量程(100 V)。

(3) 将万用表两表笔和被测电路或负载并联。

(4) 观察示数是否接近满偏。

2) 测量 1.5 V 直流电压的步骤

(1) 将红表笔插入万用表"V·Ω"插孔，黑表笔插入万用表"COM"插孔。

(2) 将万用表选到合适挡位，即交、直流电压挡，选择合适量程(5 V)。

(3) 将万用表两表笔和被测电路或负载并联，且使"＋"表笔(红表笔)接到高电位处，"－"表笔(黑表笔)接到低电位处，即让电流从"＋"表笔流入，从"－"表笔流出。

3) 注意事项

万用表测量电压的注意事项如下：

(1) 在测量直流电压时，若表笔接反，表头指针会反向偏转，容易撞弯指针，故应采用试接触方法，若发现反偏，立刻对调表笔。

(2) 事先不清楚被测电压的大小时，应先选择最高量程挡，然后逐渐减小到合适的量程。

(3) 量程的选择应尽量使指针偏转到满刻度的 2/3 左右。

3. 万用表测量电流

1) 测量 0.15 A 直流电流的步骤

(1) 将红表笔插入万用表"mA"插孔，黑表笔插入万用表"COM"插孔。

(2) 将万用表选到合适挡位，即直流电流挡，选择合适量程(500 mA)。

(3) 将万用表两表笔和被测电路或负载串联，且使"＋"表笔(红表笔)接到高电位处，即让电流从"＋"表笔流入，从"－"表笔流出。

2) 注意事项

万用表测量电流的注意事项如下：

(1) 在测量直流电流时，若表笔接反，表头指针会反向偏转，容易撞弯指针，故应采用试接触方法，若发现反偏，立刻对调表笔。

(2) 事先不清楚被测电流的大小时，应先选择最高量程挡，然后逐渐减小到合适的量程。

(3) 量程的选择应尽量使指针偏转到满刻度的 2/3 左右。

2.2   验电工具的使用

一、实训目的

(1) 熟练掌握低压验电器的使用方法。

(2) 了解高压验电器的使用方法。

二、实训项目

(1) 使用低压验电器对交流 220 V、110 V、36 V 的电源进行检测。

(2) 使用低压验电器对直流 110 V、24 V 的电源进行检测。

（3）学会判别交、直流电的方法。

三、实训器材

低压验电器、高压验电器、绝缘手套、绝缘靴、器材控制变压器、直流稳压电源。

四、知识概述

1. 低压验电器

低压验电器又称为电笔，是检测电气设备、电路是否带电的一种常用工具。普通低压验电器的电压测量范围为 60～500 V，高于 500 V 的电压则不能用普通低压验电器来测量。使用低压验电器时要注意下列几个方面：

（1）使用低压验电器之前，首先要检查其内部有无安全电阻、是否有损坏，有无进水或受潮，并在带电体上检查其是否可以正常发光，检查合格后方可使用。低压验电器的结构如图 2-2 所示。

图 2-2　低压验电器的结构

（2）测量时手指握住低压验电器笔身，食指触及笔身尾部金属体，低压验电器的小窗口应该朝向自己的眼睛，以便于观察，如图 2-3 所示。

图 2-3　验电器的手持方法

（3）在较强的光线下或阳光下测试带电体时，应采取适当的避光措施，以防观察不到氖管是否发亮，造成误判。

（4）低压验电器可用来区分相线和零线，接触时氖管发亮的是相线（火线），不亮的是零线。它也可用来判断电压的高低，氖管越暗，则表明电压越低；氖管越亮，则表明电压越高。

（5）当用低压验电器触及电机、变压器等电气设备的外壳时，如果氖管发亮，则说明该设备相线有漏电现象。

（6）用低压验电器测量三相三线制电路时，如果两根很亮而另一根不亮，说明这一相有接地现象。在三相四线制电路中，当发生单相接地现象时，用低压验电器测量中性线，氖管也会发亮。

（7）用低压验电器测量直流电路时，把低压验电器连接在直流电的正、负极之间，氖管里两个电极只有一个发亮，氖管发亮的一端为直流电的负极。

（8）低压验电器笔尖与螺钉旋具形状相似，但其承受的扭矩很小，因此，应尽量避免用其安装或拆卸电气设备，以防受损。

2. 高压验电器

高压验电器又称高压测电器，其结构如图 2-4 所示。

图 2-4 10 kV 高压验电器的结构

使用高压验电器时要注意下列几个方面：

（1）高压验电器在使用前应经过检查，确定其绝缘完好，氖管发光正常，与被测设备电压等级相适应。

（2）进行测量时，应使高压验电器逐渐靠近被测物体，直至氖管发亮，然后立即撤回。

（3）使用高压验电器时，必须在气候条件良好的情况下进行，在雪、雨、雾、湿度较大的情况下不宜使用，以防发生危险。

（4）使用高压验电器时，必须戴上符合要求的绝缘手套，而且必须有人监护，测量时要防止发生相间或对地短路事故。

（5）进行测量时，人体与带电体应保持足够的安全距离，10 kV 高压的安全距离为 0.7 m 以上。高压验电器应每半年做一次预防性试验。

（6）在使用高压验电器时，应特别注意手握部位应在护环以下，如图 2-5 所示。

图 2-5 高压验电器的握法

五、实训内容

（1）根据电源电压高低，正确选用验电工具。

（2）采用正确的方法握持验电器，使笔尖接触带电体。

（3）仔细观察氖管的状态，根据氖管的亮、暗判断相线（火线）和中性线（零线）；根据氖管的亮、暗程度判断电压的高低；根据氖管发光位置判断直流电源的正、负极。

注意：高压验电器的使用应在变电房中进行。

六、评分标准

成绩评分标准如表 2-2 所示。

表 2-2 成绩评分标准

序号	主要内容	考核要求	评分标准	配分	扣分	得分
1	低压验电器的使用	熟练掌握低压验电器和高压验电器的使用方法	（1）使用方法错误扣 10～20 分	50		
2	高压验电器的使用		（2）电压高低判断错误 10～20 分 （3）直流电源极性判断错误扣 10 分	50		
3	安全文明生产	能够保证人身、设备安全	违反安全文明操作规程扣 5～10 分			
备注			合计	100		
			教师签字		年 月 日	

2.3 兆欧表的使用

一、实训目的

(1) 熟练掌握兆欧表的使用方法。

(2) 了解兆欧表的内部结构和基本工作原理。

二、实训项目

(1) 测量线路对地绝缘电阻、电机或设备绝缘电阻。

(2) 测量电机或变压器绕组间绝缘电阻。

三、实训器材

兆欧表、绝缘手套、绝缘靴。

四、知识概述

兆欧表又称摇表,是专门用于测量绝缘电阻的仪表,它的计量单位是兆欧(MΩ),图2-6为不同类型的兆欧表。

图 2-6 兆欧表

1. 兆欧表的结构

兆欧表的基本结构如图 2-7 所示。

1、2—动圈;3—永久磁铁;4—带缺口的圆柱形铁心;5—极掌;6—指针。

图 2-7 兆欧表的结构

（1）磁电式流比计。磁电式流比计是测量机构，可动线圈 1 与 2 互成一定角度，放置在一个有缺口的圆柱形铁心 4 的外面，并与指针固定在同一转轴上；极掌 5 为不对称形状，以使空气隙不均匀。

（2）手摇式直流发电机。手摇式兆欧表输出电压有 500 V、1000 V、2500 V、5000 V 几种。

2. 兆欧表的工作原理

兆欧表的工作原理如图 2-8 所示。

图 2-8　兆欧表工作原理

被测电阻 R_x 接于兆欧表测量端子"线端"L 与"地端"E 之间。摇动手柄，直流发电机输出直流电流。线圈 1、电阻 R_1 和被测电阻 R_x 串联，线圈 2 和电阻 R_2 串联，然后两条电路并联后接于发电机输出端（电压 U 上）。设线圈 1 电阻为 r_1，线圈 2 电阻为 r_2，则两个线圈上电流分别是

$$I_1 = \frac{U}{r_1 + R_1 + R_x}$$

$$I_2 = \frac{U}{r_2 + R_2}$$

两式相除得

$$\frac{I_1}{I_2} = \frac{r_2 + R_2}{r_1 + R_1 + R_x}$$

式中，r_1、r_2、R_1 和 R_2 为定值；R_x 为变量，所以改变 R_x 会引起比值 I_1/I_2 的变化。

由于线圈 1 与线圈 2 绕向相反，流入电流 I_1 和 I_2 在永久磁场作用下，在两个线圈上分别产生两个方向相反的转矩 T_1 和 T_2，由于气隙磁场不均匀，因此 T_1 和 T_2 既与对应的电流成正比又与其线圈所处的角度有关。当 $T_1 \neq T_2$ 时指针发生偏转，直到 $T_1 = T_2$ 时，指针停止。指针偏转的角度只取决于 I_1 和 I_2 的比值，此时指针所指的是刻度盘上显示的被测设备的绝缘电阻值。

当 E 端与 L 端短接时，I_1 为最大，指针顺时针方向偏转到最大位置，即"0"位置；当 E、L 端未接被测电阻时，R_x 趋于无限大，$I_1 = 0$，指针逆时针方向转到"∞"的位置。该仪表结构中没有产生反作用的力矩，在使用之前，指针可以停留在刻度盘的任意位置。

3. 兆欧表的使用方法

1）正确选用兆欧表

兆欧表的额定电压应根据被测电气设备的额定电压来选择。测量 500 V 以下的设备，

电工电子技能实训教程(第二版)

选用 500 V 或 1000 V 的兆欧表；测量额定电压在 500 V 以上的设备，应选用 1000 V 或 2500 V 的兆欧表；对于绝缘体、母线等要选用 2500 V 或 3000 V 的兆欧表。

2) 使用前检查兆欧表是否完好

将兆欧表水平且平稳放置，检查指针偏转情况：将 E、L 两端开路，以约 120 r/min 的转速摇动手柄，观测指针是否指到"∞"处；然后将 E、L 两端短接，缓慢摇动手柄，观测指针是否指到"0"处，经检查完好才能使用。

3) 兆欧表的使用

使用兆欧表的方法如下：

(1) 兆欧表放置平稳牢固，被测物表面擦干净，以保证测量正确。

(2) 正确接线。兆欧表有三个接线柱：线路(L)、接地(E)、屏蔽(G)，应根据不同的测量对象作相应接线，如图 2-9～图 2-11 所示。测量对地绝缘电阻时，E 端接地，L 端接被测线路；测量电机或设备绝缘电阻时，E 端接电机或设备外壳，L 端接被测绕组的一端；测量电机或变压器绕组间绝缘电阻时，先拆除绕组间的连接线，将 E、L 端分别接于被测的两相绕组；测量电缆绝缘电阻时，E 端接电缆外表皮(铅套)，L 端接线芯，G 端接芯线最外层绝缘层。

图 2-9　测量对地绝缘电阻接线图

图 2-10　测量电机或设备绝缘电阻接线图

图 2-11　测量绕组间绝缘电阻接线图

(3) 由慢到快摇动手柄，直到转速达 120 r/min 左右，保持手柄的转速均匀、稳定，一般转动 1 min，待指针稳定后读数。

(4) 测量完毕，待兆欧表停止转动和被测物接地放电后方能拆除连接导线。

— 18 —

4. 注意事项

兆欧表本身工作时产生高压电,为避免人身伤害及设备事故必须重视以下几点:

(1) 不能在设备带电的情况下测量其绝缘电阻。测量前被测设备必须切断电源和负载,并进行放电;已用兆欧表测量过的设备如要再次测量,也必须先接地放电。

(2) 兆欧表测量时要远离大电流导体和外磁场。

(3) 与被测设备的连接导线应用兆欧表专用测量线或选用绝缘强度高的两根单芯多股软线,两根导线切忌绞在一起,以免影响测量准确度。

(4) 测量过程中,如果指针指向"0"位,表示被测设备短路,应立即停止转动手柄。

(5) 被测设备中如有半导体器件,应先将其插件板拆去。

(6) 测量过程中不得触及设备的测量部分,以防触电。

(7) 测量电容性设备的绝缘电阻时,测量完毕应对设备充分放电。

五、实训内容

(1) 按步骤测量线路对地绝缘电阻、电机或设备绝缘电阻,并记录测量数据。

(2) 按步骤测量电机或变压器绕组间绝缘电阻,并记录测量数据。

注意:测量过程中不得触及测量设备,防止造成触电事故。

2.4　螺钉旋具的使用

一、实训目的

熟练掌握螺钉旋具的使用方法。

二、实训项目

在木盘上进行拉线开关、平灯座、插座的安装和拆除。

三、实训器材

(1) 工具:螺钉旋具。

(2) 器材:拉线开关、平灯、插座、木螺钉、木盘等。

四、知识概述

常用的螺钉旋具有一字形和十字形两种,如图 2-12 所示。

(a) 一字形　　　　　　　　　(b) 十字形

图 2-12　螺钉旋具

使用螺钉旋具时应该注意以下几个方面:

(1) 螺钉旋具的手柄应该保持干燥、清洁、无破损且绝缘完好。

(2) 电工不可使用金属杆直通柄顶的螺钉旋具,在实际使用过程中,不应让螺钉旋具的金属杆部分触及带电体,也可以在其金属杆上套上绝缘塑料管,以免造成触电或短路事故。

（3）不能用锤子或其他工具敲击螺钉旋具的手柄。

螺钉旋具的使用方法如图 2-13 所示。

(a) 大螺钉旋具的使用方法　　　　　(b) 小螺钉旋具的使用方法

图 2-13　螺钉旋具的使用方法

五、实训内容

（1）选用合适的螺钉旋具。

（2）螺钉旋具头部对准木螺钉尾端，使螺钉旋具与木螺钉处于一条直线上，且木螺钉与木板垂直，顺时针方向转动螺钉旋具。

（3）固定好电气元件后，螺钉旋具的转动要及时停止，防止木螺钉进入木板过多而压坏电气元件。

（4）拆除电气元件时，只要使木螺钉逆时针方向转动，直至木螺钉从木板中旋出即可。操作过程中，如果发现螺钉旋具头部从螺钉尾端滑至螺钉与电气元件塑料壳体之间，螺钉旋具应立即停止转动，以避免损坏电气元件壳体。

六、评分标准

成绩评分标准如表 2-3 所示。

表 2-3　成绩评分标准

序号	主要内容	考核要求	评分标准	配分	扣分	得分
1	螺钉旋具的使用	熟练掌握螺钉旋具的使用方法	（1）螺钉旋具使用方法错误扣 20 分	20		
			（2）木螺钉旋入木板方向歪斜扣 5～30 分	30		
			（3）电气元件安装歪斜或与木板间有缝隙扣 5～20 分	20		
			（4）操作过程中损坏电气元件扣 30 分	30		
2	安全文明生产	能够保证人身、设备安全	违反安全文明操作规程扣 5～20 分			
备注			合　计	100		
		教师签字		年　月　日		

2.5　钢丝钳和尖嘴钳的使用

一、实训目的

熟练掌握钢丝钳和尖嘴钳的使用方法。

二、实训项目

使用钢丝钳和尖嘴钳，分别将 BV1.5 mm²、BV2.5 mm²、BV4 mm² 单股导线弯制成直径分别为 4 mm、6 mm、8 mm 的安装圈。

三、实训器材

（1）工具：钢丝钳、尖嘴钳。

（2）器材：BV1.5 mm²、BV2.5 mm²、BV4 mm² 单股导线，直径分别为 4 mm、6 mm、8 mm 的螺钉。

四、知识概述

1. 钢丝钳

钢丝钳主要用于剪切、铰弯、夹持金属导线，也可用作紧固螺母、切断钢丝。钢丝钳的结构及使用方法如图 2-14 所示。电工应该选用带绝缘手柄的钢丝钳，其绝缘性能为 500 V。常用钢丝钳的规格有 150 mm、175 mm 和 200 mm 三种。

齿口：紧固螺母　　　　钳口：弯绞导线

刀口：剪切导线　　　　铡口：铡切钢丝

图 2-14　钢丝钳的结构及使用方法

使用钢丝钳时应该注意以下几个方面：

（1）在使用电工钢丝钳以前，首先应该检查绝缘手柄的绝缘是否完好，如果绝缘破损，进行带电作业时会发生触电事故。

（2）用钢丝钳剪切带电导线时，既不能用刀口同时切断相线和零线，也不能同时切断两根相线,两根导线的断点应保持一定距离,以免发生短路事故。

（3）不得把钢丝钳当作锤子敲打使用,也不能在剪切导线或金属丝时,用锤或其他工具敲击钳头部分。另外,钳轴要经常加油,以防生锈。

2. 尖嘴钳

尖嘴钳的头部尖细,适用于在狭小的工作空间操作。主要用于夹持较小物件,也可用于弯绞导线,剪切较细导线和其他金属丝。电工使用的是带绝缘手柄的尖嘴钳,其绝缘手柄的绝缘性能为 500 V,其外形如图 2 - 15 所示。

图 2 - 15　尖嘴钳

尖嘴钳按其全长分为 130 mm、160 mm、180 mm、200 mm 四种。

尖嘴钳在使用时的注意事项与钢丝钳一致。

五、实训内容

（1）用钢丝钳或尖嘴钳截取导线。

（2）根据安装圈的大小剖削导线绝缘层部分。

（3）将剖削绝缘层的导线向右折,使其与水平线成约 30°夹角。

（4）由导线端部开始均匀弯制安装圈,直至安装圈完全封口为止。

（5）安装圈完成后应检验其误差。

六、评分标准。

成绩评分标准如表 2 - 4 所示。

表 2 - 4　成绩评分标准

序号	主要内容	考核要求	评 分 标 准	配分	扣分	得分
1	钢丝钳和尖嘴钳的使用	熟练掌握钢丝钳和尖嘴钳的使用方法	（1）工具使用方法错误扣 10～20 分 （2）安装圈过大或过小扣 5～30 分 （3）安装圈不圆扣 5～20 分 （4）安装圈开口过大扣 5～20 分 （5）绝缘层剖削过多扣 10 分	20 30 20 20 10		
2	安全文明生产	能够保证人身、设备安全	违反安全文明操作规程扣 5～20 分			
备注			合　计	100		
		教师签字			年　月　日	

2.6　导线绝缘层的剖削

一、实训目的

熟练掌握剖削导线绝缘层的常用方法。

二、实训项目

使用钢丝钳或电工刀，针对几种常用导线，采取相应的方法剖削绝缘层。

三、实训器材

（1）工具：钢丝钳、电工刀、剥线钳。

（2）器材：BV2.5 mm²、BV6 mm² 单股导线，BLV2.5 mm² 护套线，BLX2.5 mm² 橡皮绝缘导线，R1.0 mm² 双绞线。

四、知识概述

1. 常用导线绝缘层的剖削工具

1）电工刀

电工刀主要用于剖削导线的绝缘外层，切割木台缺口和削制木桦等，其外形如图 2-16 所示。在使用电工刀进行剖削作业时，应将刀口朝外，剖削导线绝缘时，应使刀面与导线成较小的锐角，以防损伤导线；电工刀使用时应注意避免伤手；使用完毕后，应立即将刀身折进刀柄；因为电工刀刀柄是无绝缘保护的，所以绝不能在带电导线或电气设备上使用，以免触电。

图 2-16　电工刀

2）剥线钳

剥线钳是用于剥除较小直径导线、电缆绝缘层的专用工具，它的手柄是绝缘的，绝缘性能为 500 V，其外形如图 2-17 所示。

图 2-17　剥线钳

剥线钳的使用方法十分简便，确定要剥削的绝缘长度后，即可把导线放入相应的切口中（直径 0.5～3 mm），用手将钳柄握紧，导线的绝缘层即被拉断后自动弹出。

2. 导线绝缘层的剖削

1) 塑料硬线绝缘层的剖削

对于截面积不大于 4 mm² 的塑料硬线绝缘层的剖削，人们一般用钢丝钳进行，剖削的方法和步骤如下：

（1）根据所需线头长度用钢丝钳刀口切割绝缘层，注意用力适度，不可损伤芯线。

（2）接着用左手抓牢电线，右手握住钢丝钳头用力向外拉动，即可剖下塑料绝缘层，如图 2-18 所示。

（3）剖削完成后，应检查线芯是否完整无损，如损伤较大，应重新剖削。

塑料软线绝缘层的剖削只能用剥线钳或钢丝钳进行，不可用电工刀剖，其操作方法相同。

图 2-18　钢丝钳剖削塑料硬线绝缘层

对于芯线截面积大于 4 mm² 的塑料硬线，可用电工刀来剖削绝缘层，其方法和步骤如下：

（1）根据所需线头长度用电工刀以约 45°倾角切入塑料绝缘层，注意用力适度，避免损伤芯线。

（2）然后使刀面与芯线保持 25°左右倾角，用力向线端推削，在此过程中应避免电工刀切入芯线，只削去上面一层塑料绝缘。

（3）最后将塑料绝缘层向后翻起，用电工刀齐根切去，操作过程如图 2-19 所示。

(a) 切入手法　　(b) 电工刀以45°倾角切入　(c) 电工刀以25°倾角推削　(d) 翻下塑料绝缘层

图 2-19　电工刀剖削塑料硬线绝缘层

2) 塑料护套线绝缘层的剖削

塑料护套线绝缘层的剖削必须用电工刀来完成，剖削方法和步骤如下：

（1）首先按所需长度用电工刀刀尖沿芯线中间缝隙划开护套层，如图 2-20(a)所示。然后向后翻起护套层，用电工刀齐根切去，如图 2-20(b)所示。

（2）在距离护套层 5~10 mm 处，用电工刀以 45°角倾斜切入绝缘层，其他剖削方法与塑料硬线绝缘层的剖削方法相同。

(a) 划开护套层　　　　　　　　　　　(b) 翻起切去护套层

图 2-20　塑料护套线绝缘层的剖削

3）橡皮线绝缘层的剖削

橡皮线绝缘层的剖削方法和步骤如下：

（1）先把橡皮线编织保护层用电工刀划开，其方法与剖削护套线的护套层方法类同。

（2）然后用剖削塑料线绝缘层相同的方法剖去橡皮层。

（3）最后剥离棉纱层至根部，并用电工刀切去，操作过程如图 2-21 所示。

(a) 划开编织层　　　　　　　　　　(b) 剖削橡皮绝缘层

图 2-21　橡皮线绝缘层的剖削

4）花线绝缘层的剖削

花线绝缘层的剖削方法和步骤如下：

（1）首先根据所需剖削长度，用电工刀在导线外表织物保护层割切一圈，并将其剥离。

（2）距织物保护层 10 mm 处，用钢丝钳刀口切割橡皮绝缘层，注意不能损伤芯线。拉下橡皮绝缘层，方法与图 2-21 类同。

（3）最后将露出的棉纱层松散开，用电工刀割断，如图 2-22 所示。

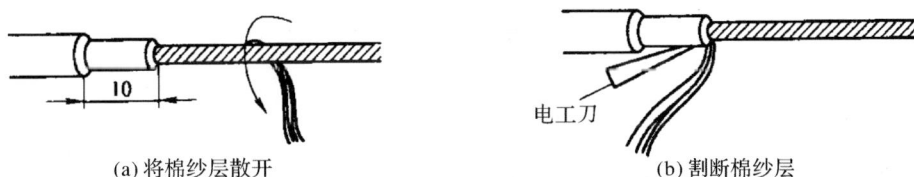

(a)将棉纱层散开　　　　　　　　　　(b)割断棉纱层

图 2-22　花线绝缘层的剖削

5）铅包线绝缘层的剖削

铅包线绝缘层的剖削方法和步骤如下：

（1）先用电工刀围绕铅包层切割一圈，如图 2-23(a)所示。

（2）接着用双手来回扳动切口处，使铅层沿切口处折断，把铅包层拉出来，如图 2-23(b)所示。

（3）铅包线内部绝缘层的剖削方法与塑料硬线绝缘层的剖削方法相同。

(a) 按所需长度剖削   (b) 折断并拉出铅包层   (c) 剖削内部绝缘层

图 2-23　铅包线绝缘层的剖削

五、实训内容

（1）根据不同的导线选用适当的剖削工具。

（2）采用正确的方法进行绝缘层的剖削。

（3）检查剖削过绝缘层的导线，看是否存在断丝、线芯受损的现象。

六、评分标准

实训成绩评分标准如表 2-5 所示。

表 2-5　成绩评分标准

序号	主要内容	考核要求	评 分 标 准	配分	扣分	得分
1	导线绝缘层的剖削	熟练掌握常用导线绝缘层的剖削方法	（1）工具选用错误扣 30 分	30		
			（2）操作方法错误扣 5～40 分	40		
			（3）线芯有断丝、受损现象扣 5～30 分	30		
2	安全文明生产	能够保证人身、设备安全	违反安全文明操作规程扣 5～20 分			
备注			合　计	100		
		教师签字			年　月　日	

2.7　导　线　的　连　接

一、实训目的

熟练掌握常用导线接头的制作方法。

二、实训项目

（1）完成导线的直线和 T 字形连接。

（2）在铜芯导线接头上进行以下处理：电烙铁锡焊、浇焊处理；铝芯导线的压接管压接法连接；螺钉压接法、平压法连接。

三、实训器材

（1）工具：钢丝钳、电工刀、剥线钳、尖嘴钳、螺钉旋具。

（2）器材：BV2.5 mm²、BV4 mm²、BV16 mm²(7/1.7)、BLV16 mm²(7/1.7)四种导线。

四、知识概述

在电气线路、设备的安装过程中，当导线不够长或要分接支路时，就需要进行导线与导线间的连接。常用导线的线芯有单股 7 芯和 19 芯等几种，连接方法随芯线的金属材料、股数不同而异。

1. 单股铜线的直线连接

单股铜线的直线连接方式如下：

（1）首先把两线头的芯线进行 X 形相交，互相紧密缠绕 2～3 圈，如图 2-24(a)所示。

（2）接着把两线头扳直，如图 2-24(b)所示。

（3）然后将每个线头围绕芯线紧密缠绕 6 圈，并用钢丝钳把余下的芯线切去，最后钳平芯线的末端，如图 2-24(c)所示。

(a)　　　　　　　　　　(b)　　　　　　　　　　(c)

图 2-24　单股铜线的直线连接

2. 单股铜线的 T 字形连接

单股铜线的 T 字形连接方式如下：

（1）如果导线直径较小，可按图 2-25(a)所示方法绕制成结状，然后再把支路芯线线头拉紧扳直，紧密地缠绕 6～8 圈后，剪去多余芯线，并钳平毛刺。

（2）如果导线直径较大，先将支路芯线的线头与干线芯线进行十字相交，使支路芯线根部留出 3～5 mm，然后缠绕支路芯线，缠绕 6～8 圈后，用钢丝钳切去余下的芯线，并钳平芯线末端，如图 2-25(b)所示。

(a)　　　　　　　　　　　　　　　　(b)

图 2-25　单股铜线的 T 字形连接

3. 7 芯铜线的直线连接

7 芯铜线的直线连接方式如下：

（1）先将剖去绝缘层的芯线头散开并拉直，然后把靠近绝缘层约 1/3 线段的芯线绞紧，接着把余下的 2/3 芯线分散成伞状，并将每根芯线拉直，如图 2-26(a)所示。

（2）把两个伞状芯线隔根对叉，并将两端芯线拉平，如图 2-26(b)所示。

（3）把其中一端的 7 股芯线按两根、三根分成三组，把第一组两根芯线扳起，垂直于芯线紧密缠绕，如图 2-26(c)所示。

（4）缠绕两圈后，把余下的芯线向右拉直，把第二组的两根芯线扳直，与第一组芯线的方向一致，压着前两根扳直的芯线紧密缠绕，如图 2-26(d)所示。

（5）缠绕两圈后，也将余下的芯线向右扳直，把第三组的三根芯线扳直，与前两组芯线的方向一致，压着前四根扳直的芯线紧密缠绕，如图 2-26(e)所示。

（6）缠绕三圈后，切去每组多余的芯线，钳平线端，如图 2-26(f)所示。

（7）除了芯线缠绕方向相反，另一侧的制作方法与图 2-26 相同。

(a) (b) (c)

(d) (e) (f)

图 2-26 7 芯铜线的直线连接

4. 7 芯铜线的 T 字形连接

7 芯铜线的 T 字形连接方式如下：

（1）把分支芯线散开钳平，将距离绝缘层 1/8 处的芯线绞紧，再把支路线头 7/8 的芯线分成 4 根和 3 根两组，并排齐；然后用螺钉旋具把干线的芯线撬开分为两组，把支线中 4 根芯线的一组插入干线两组芯线之间，把支线中另外 3 根芯线放在干线芯线的前面，如图 2-27(a)所示。

（2）把 3 根芯线的一组在干线右边紧密缠绕 3～4 圈，钳平线端；再把 4 根芯线的一组按相反方向在干线左边紧密缠绕，如图 2-27(b)所示，缠绕 4～5 圈后，钳平线端，如图 2-27(c)所示。

(a) (b) (c)

图 2-27 7 芯铜线的 T 字形连接

7 芯铜线的直线连接方法同样适用于 19 芯铜导线，只是芯线太多可剪去中间的几根芯线。连接后，需要在连接处进行钎焊处理，这样可以改善导电性能和增加其力学强度。19 芯铜线的 T 字形分支连接方法与 7 芯铜线也基本相同。将支路导线的芯线分成 10 根和 9 根两组，再把其中 10 根芯线那组插入干线中进行绕制。

5. RJ-45 水晶头及 568B 直通线的制作

1）RJ-45 水晶头的制作

RJ-45 水晶头由金属片和塑料构成，实物如图 2-28
所示。制作网线所需要的 RJ-45 水晶接头前端有 8 个凹槽，
简称"8P"（Position，位置），RJ-45 水晶头凹槽内的金属触
点共有 8 个，简称"8C"（Contact，触点），因此 IC 业界对此
有"8P8C"的别称。特别需要注意的是 RJ-45 水晶头引脚序
号，当金属片面对我们的时候从左至右引脚序号是 1～8。序
号对于网络连线非常重要，千万不能搞错。

图 2-28　RJ-45 水晶头实物

双绞线的最大传输距离为 100 m。如果要加大传输距离，在两段双绞线之间可安装中继
器，最多可安装 4 个中继器。如安装 4 个中继器连接 5 个网段，则最大传输距离可达 500 m。

EIA/TIA 的布线标准中规定了两种双绞线的线序 568A 与 568B。其中 568A 标准为：
绿白（1）—绿（2），橙白（3）—蓝（4），蓝白（5）—橙（6），棕白（7）—棕（8）。568B 标准为：橙
白（1）—橙（2），绿白（3）—蓝（4），蓝白（5）—绿（6），棕白（7）—棕（8）。为保持最佳的兼容
性，普遍采用 EIA/TIA568B 来制作网线。

RJ-45 水晶头制作步骤如下：

（1）利用斜口钳剪下所需要的双绞线长度，至少 0.6 m，最多不超过 100 m。然后再利
用双绞线剥线器（实际用什么剪都可以）将双绞线的外皮除去 2～3 cm。有一些双绞线电缆
上含有一条柔软的尼龙绳，如果在剥除双绞线的外皮时，觉得裸露出的部分太短而不利于
制作 RJ-45 接头时，可以紧握双绞线外皮，再捏住尼龙线往外皮的下方剥开，就可以得到
较长的裸露线，如图 2-29（a）所示。

（2）剥线完成后的双绞线电缆如图 2-29（b）所示。

（3）接下来就要进行拨线的操作。将裸露的双绞线中的橙色对线拨向自己的前方，棕
色对线拨向自己的方向，绿色对线剥向左方，蓝色对线剥向右方，即上橙；左绿；下棕；右
蓝，如图 2-29（c）所示。

(a)

(b)

(c)

(d)

绿色

(e)

第一只脚　橙白线

(f)

图 2-29　水晶头制作步骤

（4）将绿色对线与蓝色对线放在中间位置，而橙色对线与棕色对线保持不动，即放在靠外的

位置，调整线的排列为以下顺序：左一橙；左二蓝；左三绿；左四棕，如图2-29(d)所示。

（5）小心剥开每一对线，混白线在前、单色在后。遵循 EIA/TIA568B 标准，线对颜色应严格按照：橙白/橙/绿白/蓝/蓝白/绿/棕白/棕的顺序排列。排列时特别需要注意绿色条线应该跨越蓝色对线。这里最容易犯错的地方就是将白绿线与绿线相邻放在一起，这样会造成串扰，使传输效率降低。

常见的错误接法是将绿色线放到第4只脚的位置，如图2-29(e)所示。应该将绿色线放在第6只脚的位置才是正确的，因为在100BaseT网络中，第3只脚与第6只脚是同一对的，所以需要使用同一对线，见标准 EIA/TIA568B，左起：橙白/橙/绿白/蓝/蓝白/绿/棕白/棕。

（6）将裸露出的双绞线用剪刀或斜口钳剪下只剩约13 mm的长度，之所以留下这个长度是为了符合 EIA/TIA 的标准(在制作过程中可以参阅有关 RJ-45 接头和双绞线制作标准)。最后再将双绞线的每一根线依序放入 RJ-45 接头的引脚内，第一只引脚内应该放橙白色的线，其余类推，如图2-29(f)所示。

（7）确定双绞线的每根线已经正确放置之后，就可以用 RJ-45 网线钳压接 RJ-45 接头，网线钳如图2-30所示。

图 2-30　网线钳实物

2）568B 直通线的制作

直通线制作中双绞线的两端都要按照568B标准制作水晶头，两个水晶头的制作步骤均与上述操作相同。直通线通常用在两个异性设备端口的连接(如计算机—交换机/路由器)，制作完毕的直通线如图2-31所示。

图 2-31　直通线实物

3）测线器的使用及各种线缆的通断和线序测试

测线器的端口：BNC 口、RJ-11 口、RJ-45 口。

测线器的指示灯：通则主端和远端对应指示灯都亮。在测直通线时，指示灯应按1～8的顺序依次闪亮，如有不亮，则不通；如果远端灯闪亮顺序不对，则说明线序不对。

6. 有线电视线的制作

有线电视线目前大多是在住户住进新居之前就已经埋入墙内，因此这部分线基本上不会有什么问题，即便出问题也应由专业人员维修。因此，我们只讨论从墙壁插座到电视机或电视卡这一段线的制作问题。

75 Ω 电视同轴电缆主要用于有线电视信号的传输。实际使用中通常选用符合 BS2316 标准的电缆。有线电视和卫星电视可选用的同轴电缆型号一般为 SYV－75，直径有 3 mm、5 mm、7 mm、10 mm。图 2－32 所示为 75－5 标准同轴射频电缆线制作的有线电视插头。同轴射频电缆线简称同轴电缆，一般是由轴心重合的铜芯线和金属屏蔽网这两根导体以及绝缘体、铝复合薄膜和护套五个部分构成的。

图 2－32　有线电视线实物

内导体铜芯是一根实心导体，绝缘体选用介质损耗小、工艺性能好的聚乙烯等材料制成；铝复合薄膜和镀锡屏蔽网共同完成屏蔽与外导电的作用，其中铝复合薄膜主要完成屏蔽的作用，而镀锡屏蔽网则完成屏蔽与外导电双重作用；护套用于减缓电缆的老化和避免损伤。

在有线电视系统的不同位置或不同场合应采用不同种类和规格的电缆，以尽量满足有线电视系统的技术指标要求。因此，电缆的种类和规格繁多。依据对内、外导体间绝缘介质的处理方法不同，同轴电缆可分为如下四种。第一种是实心同轴电缆。这种电缆的介电常数高，传输损耗大，属于早期生产的产品，目前已淘汰不用。第二种是藕芯同轴电缆。这种电缆的传输损耗比实心电缆的要小得多，但防潮、防水性能差，以前使用较普遍，现在已不多见。第三种是物理发泡同轴电缆。这种电缆的传输损耗比藕芯电缆的还要小，且不易老化和受潮，是目前使用最广泛的电缆。第四种是竹节电缆。这种电缆具有与物理发泡电线同样或更优的性能，但由于制造工艺和环境条件要求高，产品的价格也偏高，因此一般仅作为主干传输线用。

这里建议使用第三种，也就是"物理发泡同轴电缆"。具体制作步骤如下：

（1）首先剥去电缆的外层护套。在进行这一步操作时，大家一定注意不要伤到屏蔽网，因为收视质量的好坏完全依赖于屏蔽网，如果镀锡屏蔽层损伤过大，会直接影响最终的收视效果。剥去电缆外层护套后的情况如图 2－33 所示。

图 2－33　有线电视插头实物

（2）接下来把屏蔽层取散，外折，如图2-34(a)所示。里面的铝复合薄膜内层为绝缘层，一旦折翻过来，反而会影响正常导通，所以这一段铝复合薄膜需要剪掉，如图2-34(b)所示。然后剥去芯线的绝缘层，如图2-34(c)所示(剥的时候应注意芯线长度应该和插头的芯长一致)。

(a)　　　　　　　　(b)　　　　　　　　(c)

图2-34　电缆内层结构图

（3）接好插头，将铜芯用固定螺丝拧紧，并检查屏蔽层固定器是否与金属屏蔽丝良好接合，如图2-35所示。屏蔽层固定器在这里的作用可以说是至关重要，除了起到固定金属屏蔽丝的作用，同时还是屏蔽层与插头的金属外壳相连接的桥梁。插头的金属外壳再与电视卡天线接口的金属外壳相接，连入电视卡的"地"。至此，一条完整的屏蔽通道完成，镀锡屏蔽网的外导电作用得以真正发挥。

（4）最后注意要把插头拧紧，插头拧的牢固程度直接影响接收的好坏。

图2-35　铜芯接头示意图

五、实训内容

根据前面介绍的方法制作电话线水晶头。电话线水晶头的制作比较简单，图2-36所示为电话线和电话线水晶头实物图。

电话线有2芯和4芯两种，家庭一般采用2芯的。目前家庭电话线通常采用专用的RJ-11电话水晶头，插在标准的电话连接模块里，一方面专用的连接头不容易氧化，另一方面即使氧化了也没有关系，只要拔出来再插进去，就能解决故障。

制作电话线水晶头的方法很简单，用剥线钳把两根导线上面的绝缘层剥掉，将两根导线插入RJ-11水晶头内，最后用网线钳专用口压紧即可。

（a）2芯电话线　　　　　　　　　　（b）水晶头

图 2-36　电话线和水晶头

2.8　导线绝缘层的恢复

一、实训目的

熟练掌握导线绝缘层的恢复方法。

二、实训项目

对单股和多芯导线的直线和 T 字形连接进行绝缘层恢复处理。

三、实训器材

（1）工具：电工刀、钢丝钳、尖嘴钳。

（2）器材：BV2.5 mm²、BV4 mm²、BV16 mm²(7/1.7)导线、黄蜡带、黑胶带。

四、知识概述

当发现导线绝缘层破损或完成导线连接后，一定要恢复导线的绝缘。要求恢复后的绝缘强度不应低于原有绝缘层。所用材料通常是黄蜡带、涤纶薄膜带和黑胶带，黄蜡带和黑胶带一般选用宽度为 20 mm 的。

1. 直线连接接头的绝缘恢复

直线连接接头的绝缘恢复方式如下：

（1）首先将黄蜡带从导线左侧完整的绝缘层上开始包缠，包缠两根带宽后再进入无绝缘层的接头部分，如图 2-37(a)所示。

（2）包缠时应将黄蜡带与导线保持约 55°的倾斜角，每圈叠压带宽的 1/2 左右，如图 2-37(b)所示。

（3）包缠一层黄蜡带后，把黑胶布接在黄蜡带的尾端，按另一斜叠方向再包缠一层黑胶布，每圈仍要压叠带宽的 1/2，如图 2-37(c)、(d)所示。

（a）　　　　　　（b）　　　　　　（c）　　　　　　　　　　（d）

图 2-37　直线连接接头的绝缘恢复

2. T字形连接接头的绝缘恢复

T字形连接接头的绝缘恢复方式如下：

(1) 首先将黄蜡带从接头左端开始包缠，每圈叠压带宽的1/2左右，如图2-38(a)所示。

(2) 缠绕至支线时，用左手拇指顶住左侧直角处的带面，使它紧贴于转角处芯线，而且要使处于接头顶部的带面尽量向右侧斜压，如图2-38(b)所示。

(3) 当围绕到右侧转角处时，用手指顶住右侧直角处带面，将带面在干线顶部向左侧斜压，使其与被压在下边的带面呈X状交叉，然后把带再回绕到左侧转角处，如图2-38(c)所示。

(4) 使黄蜡带从接头交叉处开始在支线上向下包缠，并使黄蜡带向右侧倾斜，如图2-38(d)所示。

(5) 在支线上绕至绝缘层上约两个带宽时，黄蜡带折回向上包缠，并使黄蜡带向左侧倾斜，绕至接头交叉处，使黄蜡带围绕过干线顶部，然后开始在干线右侧芯线上进行包缠，如图2-38(e)所示。

(6) 包缠至干线右端的完好绝缘层后，再接上黑胶带，按上述方法包缠一层即可，如图2-38(f)所示。

| (a) | (b) | (c) |
| (d) | (e) | (f) |

图2-38 T字形连接接头的绝缘恢复

3. 注意事项

导线绝缘层恢复的注意事项如下：

(1) 在为工作电压为380 V的导线恢复绝缘时，必须先包缠1～2层黄蜡带，然后再包缠一层黑胶带。

(2) 在为工作电压为220 V的导线恢复绝缘时，应先包缠一层黄蜡带，然后再包缠一层黑胶带，也可只包缠两层黑胶带。

(3) 包缠绝缘带时不能过疏，更不能露出芯线，以免造成触电或短路事故。

(4) 绝缘带平时不可放在温度很高的地方，也不可浸染油类。

五、实训内容

(1) 根据前面介绍的方法制作导线接头。

(2) 参照前面介绍的方法恢复单股和多芯导线直线连接的绝缘层。

(3) 完成绝缘恢复后，将其浸入水中约30 min，然后检查是否渗水。

六、评分标准

成绩评分标准如表 2-6 所示。

表 2-6　成绩评分标准

序号	主要内容	考核要求	评 分 标 准	配分	扣分	得分
1	单股导线接头的绝缘恢复	熟练掌握单股导线和多芯导线接头的绝缘恢复	(1) 包缠方法错误扣 40 分 (2) 有水渗入绝缘层扣 40 分 (3) 有水渗到导线上扣 20 分	100		
2	多芯导线接头的绝缘恢复					
备注			合　　计	100		
			教师签字		年　月　日	

2.9　课程思政——工匠精神

工匠精神是一种职业精神，它是职业道德、职业能力、职业品质的体现，是从业者的一种职业价值取向和行为表现。在电工行业，工匠精神尤为重要，它不仅关系到电力系统的稳定运行、电气设备的安全可靠，更影响着整个社会的能源供应和工业生产。本节将探讨电工行业的工匠精神，通过工匠人物的案例分析，展现工匠精神的内涵与价值。

一、电工行业工匠精神的内涵

1. 精益求精

(1) 在电路设计方面，精益求精的精神要求电工精心计算每一个参数，从电压、电流到电阻、电容等元件的选型。例如在设计一个复杂的工业自动化控制系统的电路时，精确到小数点后几位的计算可能会影响整个系统的性能和稳定性。

(2) 对于布线工作，要确保每一根电线的走向合理、整齐且符合安全规范。在狭小的电气控制柜内，每一根线路的布置都像是一场精密的"手术"，不能有丝毫差错。

2. 专注执着

(1) 当进行电力设备的故障排查时，可能需要花费大量的时间和精力。专注执着的电工能够长时间沉浸在问题的分析中，不放过任何一个可能的故障点。例如在查找一个大型变电站设备的间歇性故障时，可能需要连续几天几夜对设备进行监测和数据分析。

(2) 在研发新型电工技术和产品时，能专注于一个特定的方向，不被外界的干扰和诱惑所动摇。比如研发高效节能的电机技术，需要多年如一日地投入精力进行理论研究、实验测试等工作。

3. 敬业奉献

(1) 电工行业经常面临紧急抢修任务，尤其是在自然灾害或电力系统突发故障时。敬业的电工总是第一时间响应，不顾个人安危，奔赴现场。例如在台风过后，电力抢修人员冒着风雨和随时可能发生的二次危险，爬上电线杆修复受损线路。

（2）在日常工作中，不计较工作时间和报酬，全身心地投入到电工事业中。许多经验丰富的电工师傅会主动将自己的技术和经验传授给年轻一代，为行业的传承和发展默默奉献。

4. 创新进取

（1）随着科技的发展，电工行业也在不断变革。创新进取的电工能够积极探索新的电路原理、材料和技术应用。例如将超导材料应用于电力传输领域的研究，或者探索利用人工智能优化电力系统的运行控制。

（2）在电气设备的制造方面，创新进取的电工能创新设计理念，提高设备的性能、可靠性和智能化水平。如开发具有自适应功能的智能配电箱，能够根据不同的用电需求自动调整电路参数。

二、工匠人物案例学习

1. 王进——超高压带电作业的"蜘蛛侠"

王进是国家电网公司的一名超高压带电作业工人。他长期奋战在特高压输电线路的运维检修工作一线，负责我国重要的超高压、特高压输电线路的带电作业任务。

在超高压输电线路上进行带电作业是一项极其危险和高难度的工作。王进需要在距离地面几十米甚至上百米的高空，穿着厚重的屏蔽服，在强电场环境下对输电线路进行检修维护。他对超高压带电作业的各种操作技能掌握得炉火纯青，例如等电位作业法，他能够精确地控制自己的身体与带电体之间的电位差，确保在安全的前提下完成对线路缺陷的修复。他在作业过程中，对工具的使用、操作的步骤都达到了高度的精准性，每一个动作都经过了无数次的训练。

为了确保超高压输电线路的安全稳定运行，王进经常要在恶劣的天气条件下进行作业准备和演练。他专注于研究超高压输电线路在不同气候、不同工况下可能出现的问题。在面对一些罕见的线路故障时，他会执着地寻找解决方案，曾经为了排除一个特高压线路上的微小放电故障，他连续在高空作业平台上观察和检测了数小时，不断调整检测设备的参数，最终准确找到故障点并成功修复。

王进的工作没有固定的作息时间，只要线路出现问题，他就必须立即出发。他经常要长途跋涉到偏远的山区或荒野中的输电线路杆塔下。在一些重大节日或活动期间，为了保障电力供应，他主动放弃休假，坚守在岗位上。他还积极参与电力应急救援工作，将自己的技术和经验传授给其他电力工人，为超高压带电作业团队的建设和发展做出了巨大贡献。

在超高压带电作业技术方面，王进积极探索创新。他参与研发了多项新型带电作业工具和技术，例如改进后的绝缘软梯，提高了在高空中的稳定性和安全性。他还提出了一些新的作业流程优化方案，大大提高了超高压带电作业的效率。他的创新成果不仅应用于国内的超高压输电线路维护，还为国际超高压带电作业技术的发展提供了参考。

2. 许启金——电网线路上的"发明家"

许启金是国网安徽省电力公司宿州供电公司的一名线路检修工。他从一名普通的电工逐步成长为电网线路领域的专家和发明家。

许启金在电网线路检修工作中，对每一个检修环节都要求极高。在进行杆塔的检修时，他会对杆塔的每一个部件进行详细的检查，从地脚螺栓的紧固程度到横担的腐蚀情况等都属于他的检查项目。他对线路的参数测量也非常精准，例如对线路的弧垂测量，误差能控制在极小的范围内。他的这种精益求精的工作态度确保了电网线路的高质量运行。

许启金专注于电网线路的运行维护和故障处理。他花费大量的时间在野外对线路进行巡视，经常徒步数十公里。在遇到线路故障时，他会深入研究故障原因，不放过任何一个细节。有一次，一条输电线路频繁跳闸，他在现场连续蹲守了几天几夜，仔细分析各种可能的因素，最终发现是一个隐蔽的鸟巢导致了线路短路，他的专注执着为电网线路的稳定运行消除了隐患。

许启金在基层线路检修岗位上默默奉献了几十年。他不管是严寒还是酷暑，只要工作需要，就会出现在线路检修现场。他还积极开展对年轻电工的培训工作，将自己多年积累的线路检修经验毫无保留地传授给他们，为电力行业培养了大量的技术人才。

许启金是一位非常有创新精神的电工。他结合自己的工作实际，发明了许多实用的工具和技术。例如他发明的"多功能紧线器"，解决了传统紧线器在复杂工况下使用不便的问题，提高了线路施工和检修的效率。他还研发了一些针对电网线路防雷、防鸟害等方面的新技术，这些创新成果为提高电网线路的安全性和可靠性做出了重要贡献。

3. 高凤林——航天特种焊接领域的大国工匠

高凤林是中国航天科技集团一院火箭总装厂高级技师，被誉为"火箭心脏"焊接人。虽然高凤林的主要工作在航天特种焊接领域，但他的工匠精神对广大电工行业同样具有重要的启示意义。

在航天发动机的焊接工作中，高凤林对焊接质量的要求近乎苛刻。他焊接的部位是火箭发动机的关键部位，如喷管等，焊接的精度将直接影响到发动机的性能。他能够将焊接的熔宽和熔深控制在极小的范围内，确保焊接处的强度、密封性等指标达到最优。这种对焊接质量的精益求精，类似于电工在电气连接时对焊接或压接质量的严格要求，在航天领域和电工行业都需要这种对细节的极致把控。

高凤林专注于航天特种焊接技术的研究和实践。他面对复杂的航天发动机焊接任务，能够长时间保持高度的注意力。在焊接一些新型航天材料时，他会执着地进行试验和探索，不断调整焊接参数，直到找到最佳的焊接方案。这与电工在解决复杂电路故障或研发新型电气设备时的专注执着是相通的。

高凤林为了航天事业奉献了自己的大量心血。他经常加班加点，为了确保火箭发射任务的顺利进行，他在火箭总装和焊接期间总是全身心投入工作。他的敬业精神也是电工行业所需要的，无论是在电力建设项目还是日常的设备维护中，都需要电工像他一样全身心地投入到工作中。

在航天特种焊接技术方面，高凤林不断创新。他研发了一系列新的焊接工艺和方法，以适应不断发展的航天工程需求。例如他在焊接一些难熔材料时，创新地采用了特殊的焊接技术，提高了焊接质量。对于电工行业来说，也需要不断创新焊接技术用于电气连接，同时在电工技术的其他方面，如电路设计、设备制造等也要不断创新进取。

三、培养电工行业工匠精神的方法

1. 职业教育与培训

（1）在电工专业的职业教育课程设置中，应增加工匠精神相关的课程内容。例如开设职业道德课程，通过案例分析、课堂讨论等形式，让学生深刻理解工匠精神的内涵。

（2）加强实践教学环节中的工匠精神培养。在电工实训中，要求学生严格按照操作规范进行电路连接、设备安装等操作，注重每一个细节，培养精益求精的态度。同时，设置一些具有挑战性的实训项目，让学生在解决问题的过程中培养专注执着的职业精神。

2. 企业内部激励机制

（1）企业应建立完善的激励机制，对表现出工匠精神的员工给予奖励。奖励可以包括物质奖励，如奖金、奖品等，也可以包括精神奖励，如颁发荣誉证书、在企业内部进行表彰宣传等。

（2）为员工提供晋升机会和职业发展通道，将工匠精神的体现作为员工晋升的重要考核指标之一。例如，在企业内部评选"工匠之星"，并给予这些优秀员工更多的培训机会、参与重要项目的机会等，激励更多的员工向工匠精神靠拢。

3. 行业文化建设

（1）电工行业协会等组织应积极推动行业文化建设，弘扬工匠精神。通过举办行业技能大赛、工匠人物评选等活动，营造尊重工匠、崇尚工匠精神的行业氛围。

（2）在行业内部宣传平台上，如行业杂志、网站等，大力宣传工匠人物的先进事迹，让更多的电工从业者了解和学习他们的优秀品质，激发自身的工匠精神。

四、总结

工匠精神在电工行业有着不可替代的重要性。通过对王进、许启金、高凤林等工匠人物案例的学习，我们更加深刻地认识到精益求精、专注执着、敬业奉献、创新进取等工匠精神内涵在电工工作中的体现和重要性。同时，本节也探讨了培养电工行业工匠精神的方法，包括职业教育与培训、企业内部激励机制和行业文化建设等。在未来的电工行业发展中，工匠精神将继续发挥重要的引领作用，推动电工行业不断发展进步，为社会的能源供应、工业生产和科技创新提供坚实的保障。

第 3 章　常用低压元器件

凡是对电能的生产、输送、分配和使用起控制、调节、检测、转换及保护作用的电工器械均称为电器。用于交流 50 Hz 额定电压 1200 V 以下,直流额定电压 1500 V 以下的电路内起通断保护、控制或调节作用的电器称为低压电器。低压电器的品种规格繁多,构造各异。低压电器按用途可分为配电电器和控制电器;按动作方式可分为自动电器和手动电器;按执行机构可分为有触点电器和无触点电器;按功能和结构特点可分为刀开关、熔断器、主令电器、接触器、继电器等。

3.1　常用低压元器件基础知识

3.1.1　刀开关

刀开关又称闸刀开关,是结构最简单、应用最广泛的一种手动电器。刀开关在低压电路中用于不频繁地接通和分断电路,或用于隔离电路与电源,故又称"隔离开关"。

1. 刀开关的分类

刀开关按极数分有单极、双极和三极;按结构分有平板式和条架式;按操作方式分有手柄直接操作式、杠杆操作机构式、旋转操作式和电动操作机构式。除特殊的大电流刀开关采用电动操作方式外,其余均采用手动操作。

2. 刀开关的结构和工作原理

刀开关由绝缘底板、静插座、手柄、触刀和铰链支座等部分组成,结构简图如图 3-1 所示。

1—电源进线座;2—触刀;3—熔丝;4—负载线;
5—负载接线座;6—绝缘底板;7—静插座;8—胶木片。

图 3-1　刀开关的结构简图

推动手柄使触刀绕铰链支座转动，就可将触刀插入静插座内，电路就被接通。若使触刀绕铰链支座做反向转动，脱离插座，电路就被切断。为了保证触刀和插座合闸时接触良好，它们之间必须具有一定的接触压力，为此，额定电流较小的刀开关插座多用硬紫铜制成，利用材料的弹性来产生所需压力，额定电流大的刀开关还要通过在插座两侧加弹簧片来增加压力。

刀开关在分断有负载的电路时，其触刀与插座之间会产生电弧。为此采用速断刀刃的结构，使触刀迅速拉开，加快分断速度，保护触刀不致被电弧所灼伤。对于大电流刀开关，为了防止各极之间发生电弧闪烁，导致电源相间短路，刀开关各极间设有绝缘隔板，有的设有灭弧罩。

3. 刀开关的符号

刀开关的图形符号和文字符号如图 3-2 所示。

(a) 单极   (b) 双极   (c) 三极

图 3-2 刀开关的图形符号和文字符号

4. 刀开关的选用原则

刀开关的主要功能是隔离电源。在满足隔离功能要求的前提下，选用的主要原则是保证其额定绝缘电压和额定工作电压不低于线路的相应参数，额定工作电流不小于线路的计算电流。当要求有通断能力时，须选用具备相应额定通断能力的隔离器。如需接通短路电流，则应选用具备相应短路接通能力的隔离开关。

3.1.2 熔断器

熔断器是一种广泛应用的简单而有效的保护电器。在使用中，熔断器中的熔体(也称为保险丝)串联在被保护的电路中，当该电路发生过载或短路故障时，如果通过熔体的电流达到或超过了某一值，则在熔体上产生的热量便会使其温度升高到熔体的熔点，导致熔体自行熔断，达到保护的目的。

1. 熔断器的结构与工作原理

熔断器主要由熔体和安装熔体的熔管或熔座两部分组成。熔体由熔点较低的材料如铅、锌、锡及铅锡合金做成，熔体的形状分为丝状和片状两种。熔管是熔体的保护外壳，由陶瓷、绝缘钢纸或玻璃纤维制成，在熔体熔断时兼起灭弧作用。

熔断器熔体中的电流为熔体的额定电流时，熔体长期不熔断；当电路发生严重过载时，熔体在较短时间内熔断；当电路发生短路时，熔体能在瞬间熔断。熔体的这个特性称为反时限保护特性，即电流为额定值时长期不熔断，过载电流或短路电流越大，熔断时间越短。由于熔断器对过载反应不灵敏，因此不宜用于过载保护，主要用于短路保护。

常用的熔断器有瓷插式熔断器和螺旋式熔断器两种，它们的外形结构和符号如图 3 - 3 所示。

1—动触片；2—熔体；3—瓷盖；
4—瓷底；5—静触点；6—灭弧室。

1—瓷帽；
2—小红点标志；
3—熔断管；
4—瓷套；
5—下接线端；
6—瓷底座；
7—上接线端。

(a) 瓷插式熔断器　　　　　(b) 螺旋式熔断器　　　　　(c) 符号

图 3 - 3　熔断器外形结构及符号

2. 熔断器的选择

熔断器的选择主要是选择熔断器的种类、额定电压、额定电流和熔体的额定电流等。熔断器的种类主要在电气控制系统整体设计时确定，熔断器的额定电压应大于或等于实际电路的工作电压，因此确定熔体电流是选择熔断器的主要任务，具体有下列几条原则：

(1) 电路上、下两级都装设熔断器时，为使两级保护相互配合良好，两级熔体额定电流的比值不小于 1.6：1。

(2) 对于照明线路或电阻炉等没有冲击性电流的负载，熔体的额定电流应大于或等于电路的工作电流，即 $I_{\text{Fn}} \geqslant I_e$。

(3) 保护一台异步电动机时，考虑电动机冲击电流的影响，熔体的额定电流按下式计算：

$$I_{\text{Fn}} \geqslant (1.5 \sim 2.5) I_{\text{N}}$$

(4) 保护多台异步电动机时，若各台电动机不同时启动，则应按下式计算：

$$I_{\text{Fn}} \geqslant (1.5 \sim 2.5) I_{\text{Nmax}} + \sum I_{\text{N}}$$

式中，I_{Nmax} 为容量最大的一台电动机的额定电流；$\sum I_{\text{N}}$ 为其余电动机额定电流的总和。

3.1.3　主令电器

主令电器是用来发布命令、改变控制系统工作状态的电器，它可以直接作用于控制电路，也可以通过电磁式电器的转换对电路实现控制，其主要类型有控制按钮、行程开关、接近开关、万能转换开关、凸轮控制器等。

控制按钮是一种典型的主令电器，其作用通常是用来短时间地接通或断开小电流的控制电路，从而控制电动机或其他电器设备的运行。

1. 控制按钮的结构与符号

常用控制按钮的外形与符号如图 3 - 4 所示。

(a)LA10系列按钮　(b)LA18系列按钮　(c)LA19系列按钮　(d)符号

图3-4　常用控制按钮的外形与符号

典型控制按钮的内部结构如图3-5所示。

1—按钮帽;

2—复位弹簧;

3—桥式触头;

4—常闭触头或动断触头;

5—常开触头或动合触头。

图3-5　控制按钮的内部结构

2. 控制按钮的种类及动作原理

1）按结构形式分

（1）旋钮式：用手动旋钮进行操作。

（2）指示灯式：按钮内装入信号灯显示信号。

（3）紧急式：装有蘑菇头式钮帽，以示紧急动作。

2）按触点形式分

（1）动合按钮：外力未作用时(手未按下)，触点是断开的，外力作用时，触点闭合，但外力消失后在复位弹簧作用下自动恢复原来的断开状态。

（2）动断按钮：外力未作用时(手未按下)，触点是闭合的，外力作用时，触点断开，但外力消失后在复位弹簧作用下恢复原来的闭合状态。

（3）复合按钮：既有动合按钮、又有动断按钮的按钮组称为复合按钮。按下复合按钮时，所有的触点都改变状态，即动合触点要闭合，动断触点要断开。但是，两对触点的变化是有先后次序的，按下按钮时，动断触点先断开，动合触点后闭合；松开按钮时，动合触点先复位，动断触点后复位。

3.1.4　交流接触器

1. 交流接触器的外形结构与符号

交流接触器的外形结构与符号如图3-6所示。

(a) 外形结构   (b) 符号

1—灭弧罩；2—触点压力弹簧片；3—主触点；4—反作用弹簧；5—线圈；
6—短路环；7—静铁心；8—弹簧；9—动铁心；10—辅助动合触点；11—辅助动断触点。

图 3-6 交流接触器外形结构及符号

2. 交流接触器的动作原理

当交流接触器线圈通电后，会在铁心中产生磁通，由此在衔铁气隙处产生吸力，使衔铁产生闭合动作，主触点在衔铁的带动下也闭合，于是接通了主电路。同时衔铁还带动辅助触点动作，使原来打开的辅助触点闭合，并使原来闭合的辅助触点打开。当线圈断电或电压显著降低时，吸力消失或减弱，衔铁在释放弹簧的作用下打开，主、副触点又恢复到原来的状态。

交流接触器动作原理如图 3-7 所示。

1—主触点；

2—动触点；

3—电磁线圈；

4—静铁心。

图 3-7 交流接触器动作原理图

3.1.5 热继电器

电动机在实际运行中常遇到过载情况。若电动机过载不大，时间较短，电动机绕组不超过允许温升，这种过载是允许的。但若过载时间长，过载电流大，电动机绕组的温升就会超过允许值，使电动机绕组绝缘老化，缩短电动机的使用寿命，严重时甚至会使电动机绕组烧毁，这种过载是电动机不能承受的。热继电器就是利用电流的热效应原理，在出现电动机不能承受的过载时切断电动机电路，为电动机提供过载保护的保护电器。热继电器可以根据过载电流的大小自动调整动作时间，具有反时限保护特性，即：过载电流大，动作时间短；过载电流小，动作时间长；当电动机的工作电流为额定电流时，热继电器应长期不动作。

热继电器主要用于电动机的过载保护、断相保护、电流不平衡运行的保护及其他电气设备发热状态的控制。

1. 热继电器的外形结构及符号

热继电器的外形结构如图 3-8(a)所示，图 3-8(b)为热继电器的图形符号，其文字符号为 FR。

(a) 外形结构   (b) 符号

1—接线柱；2—复位按钮；3—调节旋钮；4—动断触点；5—动作机构；6—热元件。

图 3-8 热继电器外形结构及符号

2. 热继电器的动作原理

热继电器动作原理示意图如图 3-9 所示。

1—推杆；2—主双金属片；3—加热元件；4—导板；5—补偿双金属片；6—静触点；7—静触点；
8—复位调节螺钉；9—动触点；10—复位按钮；11—调节旋钮；12—支撑件；13—弹簧。

图 3-9 热继电器动作原理示意图

使用时，将热继电器的三相热元件分别串接在电动机的三相主电路中，动断触点串接在控制电路的接触器线圈回路中。当电动机过载时，流过电阻丝（热元件）的电流增大，电阻丝产生的热量使金属片弯曲，经过一定时间后，弯曲位移增大，推动导板移动，使其动断触点断开，动合触点闭合，使接触器线圈断电，接触器触点断开，将电源切除，从而起过载保护作用。

3.2 常用低压元器件识别与检测

一、实训要求

（1）掌握低压元器件的识别方法。

（2）熟练使用万用表对刀开关、主令电器、交流接触器及热继电器的质量进行检测。

二、评分标准

实训成绩评分标准如表 3-1 所示。

表 3-1 成绩评分标准

序号	主要内容	考核要求	评分标准	配分	扣分	得分
1	万用表选择和检查	能正确选用量程和检查判断低压元器件的好坏	（1）万用表选择不正确扣 10 分 （2）万用表检查方法不正确和漏测扣 20 分	30		
2	低压元器件的识别（10 件）	根据实物能正确说出元器件的名称	识别错误一件扣 10 分	30		
3	低压元器件型号识别（5 件）	能够说出型号代表的含义	识别错误一件扣 10 分	30		
4	安全文明生产	能保证人身和设备安全	违反安全文明生产规程扣 5～10 分	10		
备注			合　计	100		
		教师签字		年　月　日		

第4章　三相异步电动机绕组结构

4.1　三相异步电动机的基础理论

本章介绍三相异步电动机的基础理论知识，通过实训让学生掌握三相异步电动机的绕组结构。

4.1.1　有关术语和基本参数

1. 线圈和线圈组

1）线圈

线圈是组成绕组的基本元件，用绝缘导线（漆包线）在绕线模上按一定形状绕制而成。线圈一般由多匝绕成，其形状如图 4-1 所示。它的两直线段嵌入槽内，是电磁能量转换部分，称为线圈有效边；两端部仅为连接有效边的"过桥"，不能实现能量转换，故端部越长材料浪费越多；引线用于引入电流的接线。图 4-2 是线圈嵌入铁心槽内的情况。

(a) 菱形线圈　　　(b) 弧形线圈　　　(c) 简化画法

图 4-1　常用线圈及简化画法

(a) 立体图　　　(b) 展开图　　　(c) 有效边在槽内实际情况

图 4-2　线圈嵌入铁心槽内

2）线圈组

几个线圈顺接串联即构成线圈组。异步电机中最常见的线圈组是极相组，它是一个极下同一相的几个线圈顺接串联而成的一组线圈，如图 4-3 所示。

（a）连接方法　　　　　（b）展开图　　　　　（c）简化图

图 4-3　一个极相组线圈的连接方法

2. 定子槽数 Z 和磁极数 $2p$

1）定子槽数 Z

定子铁心上线槽总数称之为定子槽数，用字母 Z 表示。

2）磁极数 $2p$

磁极数是指绕组通电后所产生磁场的总磁极个数。电动机的磁极个数总是成对出现，所以电动机的磁极数用 $2p$ 表示。异步电动机的磁极数可从铭牌上得到，也可根据电动机转速来计算，即

$$2p = \frac{120f}{n_1}$$

式中：f——电源频率；

p——磁极对数；

n_1——电动机同步转速，n_1 可从电动机转速 n 取整数后获得。

磁极数在交流电动机中为确定转速的重要参数，即

$$n_1 = \frac{60f}{p} \quad (\text{r/min})$$

3. 极距 τ 和节距 y

1）极距 τ

相邻两磁极之间的槽距称为极距，通常用槽数来表示，即

$$\tau = \frac{Z}{2p} \quad (\text{槽})$$

2）节距 y

一个线圈的两有效边所跨占的槽数称为节距。为了获得较好的电气性能，节距应尽量接近极距 τ，即

$$y \approx \tau = \frac{Z}{2p} \quad (\text{取整})$$

在实际生产中常采用的是整距和短距绕组。

4. 每极相槽数 q 与槽距角 α

1) 每极相槽数 q

每极相槽数是指绕组每极每相所占的槽数，即

$$q = \frac{Z}{3 \times 2p} \quad (槽)$$

2) 槽距角 α

槽距角是指定子相邻槽之间的间隔，以电角度来表示，即

$$\alpha = \frac{180° \times 2p}{Z} \quad (电角度)$$

5. 线径 ϕ 与并绕根数 N_a

线径 ϕ 是指绕制电动机时，根据安全载流量确定的导线直径。功率大的电动机所用导线较粗，当线径过大时，会造成嵌线困难，可用几根细导线替代一根粗导线进行并绕，其细导线根数就为并绕根数 N_a。

6. 单层与双层绕组

单层绕组是在每槽中只放一个有效边，这样每个线圈的两有效边要分别占一槽，故整个单层绕组中线圈数等于总槽数的一半。

双层绕组是在每槽中用绝缘隔为上、下两层，嵌放不同线圈的各一有效边，线圈数与槽数相等。图 4-4 是单层、双层槽内布置情况示意图。

（a）单层绕组　　　　　　　　（b）双层绕组

1—槽楔；2—覆盖绝缘；3—槽绝缘；4—层间绝缘；5—上层线圈边；6—下层线圈边。

图 4-4　单、双层槽内布置情况

4.1.2　三相绕组的排列方法

为了在电动机内形成旋转磁场，定子槽内各有效边应流过哪一相的电流是有规律的，对三相绕组进行排列其目的就是体现规律，形成旋转磁场。

1．三相绕组的构成规则

三相绕组的构成有以下规则：

（1）每相绕组的槽数必须相等，且在定子上均匀分布。

（2）三相绕组在空间应相互间隔 120°电角度。

（3）三相绕组一般采用 60°相带，即三相有效边在一对磁场下均匀地分为 6 个相带。

2．排列方法

1）计算基本参数

每极相槽数：

$$q = \frac{Z}{3 \times 2p}$$

槽距角：

$$\alpha = \frac{180° \times 2p}{Z}$$

2）编写槽号

从第一槽开始按顺序编号。

3）划分相带

取 q 个槽为一个相带，相带按 U1—W2—V1—U2—W1—V2 的顺序循环排列。

4）标定电流正方向

把 U1、V1、W1 相带电流正方向选定为指向上方，则 U2、V2、W2 相带电流正方向指向下方，即相邻相带的电流正方向上下交替。

5）绘制绕组表

槽号																								
相带																								

6）排列实例

取不同的极数和槽数，以利于观察其规律，图 4-5 为三相 4 极 24 槽。

图 4-5　三相 4 极 24 槽

只要按上述排列方法，使 U1 相带各槽导体流入 U 相电流，V1 相带各槽导体流入 V 相电流，W1 相带各槽导体流入 W 相电流，而 U2 相带、V2 相带和 W2 相带对应的各槽导体分别流出 U 相、V 相和 W 相电流，即可满足绕组空间对称的规则。

4.1.3　三相绕组的端部连接方式

连接端部是为了将分布在各相带的槽导体构成三相对称绕组，连接方式是多种的，每一种连接方式就形成一种形式的绕组。

由三相 4 极 24 槽的两个基本参数可计算出每极相槽数 $q=2$，其规则排列组合有三种端部连接方式，如图 4-6 所示。

(a) 等宽式（叠式）

(b) 同心式

(c) 单链式

图 4-6　单层绕组端部连接方式

以上几种单层绕组连接方式具有槽利用率较高、不易发生相间短路、线圈数目较少、嵌线工时短等优点，在小型电动机中得到广泛应用。常用的 JO_2 及 Y 系列电动机中，单层叠式绕组用于 $q=2$ 的 4、6、8 极电动机；单层交叉式绕组用于 $q=3$ 的 2、4 极电动机；同心式绕组用于 $q=4$ 的 2 极电动机，这些绕组形式在日常的修理工作中都可以经常见到。另外，单层绕组由于结构的限定，其绕组端部较厚，不易整形，无法利用适当的短距来改善绕组的电磁性能，这就是单层绕组电动机性能较差的原因。

对容量大、要求高的电动机，通常采用双层绕组。双层绕组的节距可任意选定，利用适当的短距系数即可消除气隙磁场中的高次谐波，改善电动机性能。

4.2　三相异步电动机绕组结构实训

一、实训要求

（1）搞懂 60°相带在磁极下按 U1—W2—V1—U2—W1—V2 规律排序的原因。

（2）对所要嵌线修理的三相异步电动机，绘制出绕组表，画出绕组端部连接图和展开图。体会"按分相后确定的各导体有效边内电流正方向连接"这句话，简练地总结出三相绕组端部连接的接线规律。

二、实训记录

（1）本人所要嵌线修理的三相异步电动机，绕组总线圈数＝_____，每极相槽数＝_____，极相组数＝_____，每组线圈数＝_____，线圈节距＝_____，极距＝_____，并联支路数＝_____。

绘制出绕组表：

槽号													
相带													

（2）画出实际所嵌线的电动机端部接线图或展开图。

（3）端部接线规律总结。

第5章　三相异步电动机的控制线路设计

5.1　三相异步电动机直接启动控制线路

一、实训目的

（1）通过对三相异步电动机控制线路的连接，掌握将线路原理图连接成实际操作电路的方法。

（2）掌握三相异步电动机直接启动控制线路的工作原理和连接方法。

二、实训项目

本实训项目为三相异步电动机直接启动控制线路验证，具体线路图如图5-1所示。

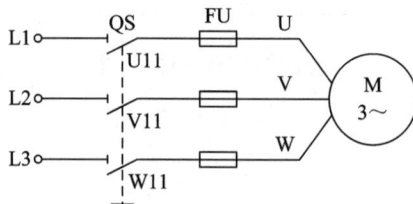

图5-1　三相异步电动机直接启动控制线路

1. 电路元件

图5-1中的电路元件如下：QS是刀开关，用于隔离电源；FU是熔断器，起短路保护作用；M是三相异步电动机，是实训的负载对象。L1、L2、L3表示三相交流电源进线，U、V、W是连接电动机的三相绕组。

2. 线路功能

实际操作电路需要按照图5-1进行接线，将三相电源通过刀开关QS、熔断器FU连接到三相异步电动机M上。通过操作刀开关的闭合与断开，可控制电动机的启动与停止，同时了解熔断器在电路短路时的保护功能。

3. 理论与实践技能认知

在实训过程中，可以学习到三相电路的基本连接方式、刀开关和熔断器的工作原理及应用，以及三相异步电动机的简单控制方法，增强对电气控制电路的实践认知和动手能力。

三、实训器材

（1）电工实训装置。

（2）刀开关、熔断器、三相异步电动机。

四、实训原理

1. 实验线路图

三相异步电动机直接启动控制线路如图 5-1 所示。

2. 线路特征

三相异步电动机直接启动控制线路图如图 5-1 所示，该图线路简单、元件少，低压断路器中装有过载保护，熔断器主要用作短路保护。因此，该线路对于容量较小，启动不频繁的电动机来说，是经济方便的启动控制方法。

五、实训步骤

实训的具体步骤如下：

(1) 安装牢固接线。

(2) 接通三相总电源。

(3) 合上 QS 开关，电动机应正常启动和平稳运转。

(4) 若熔丝熔断(可看到熔心顶盖弹出)则应断开电源，检查分析并排除故障后才能够重新合上电源。

5.2　三相异步电动机接触器点动控制线路

一、实训目的

(1) 通过对三相异步电动机接触器点动控制线路的连接，掌握将线路原理图连接成实际操作电路的方法。

(2) 掌握三相异步电动机接触器点动控制线路的工作原理和连接方法。

二、实训项目

本实训项目为三相异步电动机接触器点动控制线路验证，具体线路图如图 5-2 所示。

图 5-2　三相异步电动机接触器点动控制线路

1. 电路元件

图 5-2 中的电路元件如下：QS 是刀开关，用于隔离电源；FU 是熔断器，起短路保护

作用；KM 是交流接触器，可通过电磁机构控制主触点通断来控制电动机；SB 是按钮开关；M 是三相异步电动机。L1、L2、L3 为三相交流电源进线，经一系列元件连接到电动机绕组 U1、V1、W1。

2. 线路功能

实际操作电路需要按照图 5-2 完成接线，先合上刀开关 QS 引入电源，再按下按钮 SB，控制电路通电，接触器 KM 线圈通电，主触点闭合，电动机接通电源启动运转；松开 SB 后，接触器 KM 线圈断电，电动机停止。

3. 理论与实践技能认知

通过该实训，能掌握接触器控制电动机的原理和方法，学会自锁电路连接，理解电气控制中保护元件的作用，提升对电气控制线路安装与调试的实践能力。

三、实训器材

（1）电工实训装置。
（2）刀开关、熔断器、按钮开关、交流接触器、三相异步电动机。

四、实训原理

1. 实验线路图

三相异步电动机接触器点动控制线路如图 5-2 所示。

2. 线路特征

如图 5-2 所示，该电路可分成主电路和控制电路两部分。主电路从电源 L1、L2、L3、开关 QS、熔断器 FU、接触器触头 KM 到电动机 M。控制电路由按钮 SB 和接触器线圈 KM 组成。

当合上电源开关 QS 时，电动机是不会启动运转的，因为这时接触器 KM 的线圈未通电，它的主触头处在断开状态，电动机 M 的定子绕组上没有电压。若要使电动机 M 转动，只要按下按钮 SB，使线圈 KM 通电，主电路中的主触头 KM 闭合，电动机 M 即可启动。但当松开按钮 SB 时，线圈 KM 即失电，从而使主触头分开，切断电动机 M 的电源，电动机即停转。这种只有当按下按钮电动机才会运转，松开按钮即停转的线路，称为点动控制线路。

五、实训步骤

实训的具体步骤如下：
（1）检查接线无误。
（2）接通交流电源，合上开关 QS，此时电动机不转。
（3）按下按钮 SB，电动机即可启动。
（4）松开按钮电动机即停转，若电动机不能点动控制或出现熔丝熔断等故障，则应分开切断电源，分析排除故障后使之正常工作。

5.3　三相异步电动机接触器自锁控制线路

一、实训目的

（1）通过对三相异步电动机接触器自锁控制线路的连接，掌握将线路原理图连接成实际操作电路的方法。

（2）掌握三相异步电动机接触器自锁控制线路的工作原理和连接方法。

二、实训项目

本实训项目为三相异步电动机接触器自锁控制线路验证，具体线路图如图 5-3 所示。

图 5-3 三相异步电动机接触器自锁控制线路

1. 电路元件

图 5-3 中的电路元件如下：QS 是刀开关，用于隔离电源；FU 是熔断器，起短路保护作用；KM 是交流接触器，控制电动机主电路的通断；FR 是热继电器，实现过载保护；SB1 是启动按钮，SB2 是停止按钮；M 是三相异步电动机。L1、L2、L3 为三相交流电源进线，经一系列元件连接到电动机绕组 U、V、W。

2. 线路功能

实际操作电路需要按照图 5-3 进行接线，合上刀开关 QS 引入电源，按下启动按钮 SB1，接触器 KM 线圈得电，主触点闭合，电动机通电启动，同时辅助常开触点自锁；按下停止按钮 SB2，KM 线圈失电，主触点断开，电动机停止。当电动机过载时，热继电器 FR 发热元件动作，常闭触点断开，KM 线圈失电，电动机停止，从而起到过载保护作用。

3. 理论与实践技能认知

通过该实训，可以掌握带过载保护的电动机控制电路的原理和接线方法，理解热继电器的工作特性和保护功能，提高对电气控制线路进行故障排查和维护的能力。

三、实训器材

（1）电工实训装置。

（2）刀开关、按钮开关、熔断器、热继电器、交流接触器、三相异步电动机。

四、实训原理

1. 实验电路图

三相异步电动机接触器自锁控制线路如图 5-3 所示。

2. 线路特征

如图 5-3 所示为具有接触器自锁的控制线路，该线路与点动控制线路的不同之处在于，控制电路中增加了停止按钮 SB2，在启动按钮 SB1 的两端并联一对接触器 KM 的常开触头。

接触器自锁控制线路的动作过程为：当按下启动按钮 SB1 时，线圈 KM 通电，主触头闭合，电动机 M 启动旋转。当松开启动按钮时，电动机 M 不会停转，因为这时，接触器线圈 KM 可以通过并联在 SB1 两端已闭合的辅助触头 KM 继续维持通电，保证主触头 KM 仍处在接通状态，电动机 M 就不会失电，也就不会停转。这种松开按钮而仍能自行保持线圈通电的控制线路叫作具有自锁(或自保)的接触器控制线路，简称自锁控制线路。与 SB1 并联的这一对常开辅助触头 KM 叫作自锁(或自保)触头。

五、实训步骤

实训的具体步骤如下：

(1) 接线正确后，接通交流电源 L1、L2、L3。

(2) 闭合开关 QS。

(3) 按下 SB1，电动机应启动并连续转动。

(4) 按下 SB2，电动机应停转。

(5) 若按下 SB1 电动机启动运转后，电源电压降到 320 V 以下或电源断电，则接触器 KM 的主触头会断开，电动机停转。再次恢复电压为 380 V(允许±10%波动)，电动机应不会自行启动——接触器具有欠压或失压保护作用。

如果电动机转轴卡住而接通交流电流，则在几秒内热继电器应动作，断开加在电动机上的交流电源(注意不能超过 10 s，否则电动机过热会冒烟导致损坏)。

5.4 三相异步电动机接触器点动/连动互锁控制线路

一、实训目的

(1) 通过对三相异步电动机接触器点动/连动互锁控制线路的连接，掌握将线路原理图连接成实际操作电路的方法。

(2) 掌握三相异步电动机接触器点动/连动互锁控制线路的工作原理和连接方法。

二、实训项目

本实训项目为三相异步电动机接触器点动/连动互锁控制线路验证，具体线路图如图 5-4 所示。

1. 电路元件

图 5-4 中的电路元件如下：QS 是刀开关，用于引入三相电源；FU1、FU2 是熔断器，分别对主电路和控制电路起短路保护作用；KM 是交流接触器，控制电动机主电路的通断；FR 是热继电器，为电动机提供过载保护；SB1 是停止按钮，SB2 是连续运转启动按钮，SB3 是点动按钮；M 是三相异步电动机。

2. 线路功能

单向连续运转：合上 QS 接通电源，按下 SB2，KM 线圈得电，其主触点闭合，电动机

图 5-4　三相异步电动机接触器点动/连动互锁控制线路

启动运转，同时 KM 的辅助常开触点闭合实现自锁，松开 SB2 电动机仍持续运行。按下 SB1，KM 线圈失电，电动机停止。

点动控制：按下 SB3，KM 线圈得电，电动机启动，但 SB3 的常闭触点断开了自锁回路，松开 SB3，KM 线圈失电，电动机停止，实现点动功能。

3．理论与实践技能认知

通过该实训，可掌握电动机单向连续运转和点动控制电路的原理与接线方法，理解自锁环节在电动机连续运转中的作用，以及按钮在不同控制方式中的应用，提升电气控制线路的实践操作和故障排查能力。

三、实训器材

（1）电工实训装置。

（2）刀开关、按钮开关、熔断器、热继电器、交流接触器、三相异步电动机。

四、实训原理

1．实验电路图

三相异步电动机接触器点动/连动互锁控制线路如图 5-4 所示。

2．线路特征

1）主电路

三相电源 L1、L2、L3 经刀开关 QS 引入。QS 起到隔离电源的作用，方便对电路进行检修。熔断器 FU1 串联在主电路中，当电路发生短路故障时，FU1 的熔体能够迅速熔断，切断主电路，保护电气设备。

交流接触器 KM 的主触点控制电动机的电源通断。热继电器 FR 的热元件串联在电动机的主回路中，当电动机长时间过载运行，通过热元件的电流超过其额定值时，热元件发热变形，使 FR 的常闭触点断开，从而切断控制电路，使 KM 线圈失电，主触点断开，电动机停止运行，实现过载保护。电动机 M 通过 PE 线接地，可以保障人员和设备安全。

2）控制电路

单向连续运转：控制电路电源从主电路经 FU2 引入。按下连续运转启动按钮 SB2，电流路径为电源 L2—FU2—节点 1—FR 常闭触点—节点 2—SB1 常闭触点—节点 3—SB2 常开触点—节点 5—KM 辅助常开触点(此时未闭合)—节点 4—KM 线圈—节点 0—电源 L1，KM 线圈得电。

KM 线圈得电后，其主触点闭合，电动机接通三相电源开始运转。同时，KM 的辅助常开触点闭合，形成自锁回路。此时即使松开 SB2，电流仍可通过 KM 辅助常开触点—节点 5—节点 3—SB1 常闭触点—节点 2—FR 常闭触点—节点 1—FU2—L2 的路径回到电源，维持 KM 线圈得电，使电动机持续运转。按下停止按钮 SB1，其常闭触点断开，KM 线圈失电，主触点和辅助常开触点断开，电动机停止运行。

点动控制：按下点动按钮 SB3，电流路径为电源 L2 —FU2—节点 1—FR 常闭触点—节点 2 —SB1 常闭触点—节点 3—SB3 常开触点—节点 4—KM 线圈—节点 0—电源 L1，KM 线圈得电，主触点闭合，电动机启动运转。

由于 SB3 的常闭触点在按钮按下时断开，切断了 KM 辅助常开触点的自锁回路，所以当松开 SB3 时，KM 线圈失电，主触点断开，电动机停止，从而实现点动功能。

五、实训步骤

实训的具体步骤如下：
(1) 安装牢固接线。
(2) 接通三相总电源。
(3) 合上 QS 开关，按下按钮开关后电动机应正常启动。
(4) 若熔丝熔断(可看到熔心顶盖弹出)则应断开电源，检查分析并排除故障后才能够重新合上电源。

5.5 三相异步电动机定子串电阻降压启动手动控制线路

一、实训目的

(1) 通过对三相异步电动机定子串电阻降压启动手动控制线路的连接，掌握将线路原理图连接成实际操作电路的方法。
(2) 掌握三相异步电动机定子串电阻降压启动手动控制线路的工作原理和连接方法。

二、实训项目

本实训项目为三相异步电动机定子串电阻降压启动手动控制线路验证，具体线路图如图 5-5 所示。

1. 电路元件

图 5-5 中的电路元件如下：QS1 是三相刀开关，用于引入和切断三相交流电源；QS2 是单极刀开关；FU 是熔断器，起短路保护作用；R 代表启动电阻；M 是三相异步电动机。L1、L2、L3 为三相交流电源进线，通过相关元件连接到电动机绕组 U、V、W。

2. 线路功能

实际操作电路需要按照图 5-5 进行接线，合上三相刀开关 QS 引入电源，此时电动机串联启动电阻 R，降低启动电压，减小启动电流。待电动机转速上升到一定程度后，合上

图 5-5 三相异步电动机定子串电阻降压启动手动控制线路

QS2，将启动电阻短接，使电动机在额定电压下正常运行。

3. 理论与实践技能认知

通过该实训，能学习三相异步电动机串电阻降压启动的原理，掌握启动电阻在降压启动中的作用，以及相关控制电路的连接和操作方法，增强对电动机启动控制技术的理解与实践能力。

三、实训器材

（1）电工实训装置。

（2）刀开关、熔断器、电阻、三相异步电动机。

四、实训原理

1. 实验电路图

三相异步电动机定子串电阻降压启动手动控制线路如图 5-5 所示。

2. 线路特征

如图 5-5 所示，合上电源开关 QS1，由于定子绕组中串联电阻，起到降压作用，所以这时加到电动机定子绕组上的电压不是额定电压，这样就限制了启动电流。随着电动机的启动，转速逐渐升高。当电动机转速接近额定转速时，立即合上 QS2，将电阻 R 短接，定子绕组上的电压便上升到额定工作电压（全压）运行，使电动机处于正常运转状态。

五、实训步骤

实训的具体步骤如下：

（1）确认接线正确。

（2）把开关 QS1、QS2 放在断开位置，接通交流电源。

（3）闭合开关 QS1，电动机降压启动，观察启动电流冲击值，电动机启动转速升高。

（4）闭合 QS2，将电阻 R 短接。

（5）停机，QS2 仍在"闭合"位置，闭合 QS1 使电机全压直接启动，观察电流表指示的冲击值，以作比较。

若操作中有不正常现象，应停机并分析排除故障后才可接通电源使电动机正常工作。

5.6 三相异步电动机定子串电阻降压启动自动控制线路

一、实训目的

（1）通过对三相异步电动机定子串电阻降压启动自动控制线路的连接，掌握将线路原理图连接成实际操作电路的方法。

（2）掌握三相异步电动机定子串电阻降压启动自动控制线路的工作原理和连接方法。

二、实训项目

本实训项目为三相异步电动机定子串电阻降压启动自动控制线路验证，具体线路图如图 5-6 所示。

图 5-6 三相异步电动机定子串电阻降压启动自动控制线路

1. 电路元件

图 5-6 中的电路元件如下：QS 是刀开关，用于隔离电源；FU 是熔断器，起短路保护作用；KM1、KM2 是交流接触器，分别控制电动机降压启动和全压运行电路；FR 是热继电器，提供过载保护；SB1 是启动按钮，SB2 是停止按钮；KT 是时间继电器，用于控制降压启动时间；R 是降压启动电阻；M 是三相异步电动机。

2. 线路功能

实际操作电路需要按照图 5-6 进行接线，闭合刀开关 QS 引入电源，按下启动按钮 SB1，KM1 线圈得电，电动机串联电阻 R 降压启动，同时时间继电器 KT 线圈得电开始计时。到达设定时间后，KT 的延时触点动作，KM2 线圈得电，其主触点闭合短接电阻 R，电动机进入全压运行状态，同时 KM2 的常闭触点断开 KM1 线圈电路，从而实现切换。按下 SB2 或出现过载时，电动机停止运行。

3. 理论与实践技能认知

可通过该实训掌握时间继电器的工作原理与应用，学会基于时间控制的电动机降压启动电路的接线与调试，理解电气控制中自动切换的逻辑，提升电气控制线路的设计与实践操作能力。

三、实训器材

（1）电工实训装置。

（2）刀开关、熔断器、按钮开关、交流接触器、时间继电器、三相异步电动机。

四、实训原理

1. 实验电路图

三相异步电动机定子串电阻降压启动自动控制线路如图 5-6 所示。

2. 线路特征

如图 5-6 所示，合上电源开关 QS，按下启动按钮 SB1，接触器 KM1 与时间继电器 KT 的线圈同时通电，KM1 主触头闭合，由于 KM2 线圈的回路中串有时间继电器 KT 延时闭合的动合触头，且触头不能吸合，这时电动机定子绕组中串有电阻 R，进行降压启动，电动机的转速逐步升高，当时间继电器 KT 达到预先整定的时间后，其延时闭合的动合触头闭合，KM2 吸合，主触头闭合，将启动电阻 R 短接，电动机便处在额定电压下全压运转，通常 KT 的延时时间为 4～8 s。

五、实训步骤

实训的具体步骤如下：

（1）接线正确后，"闭合"QS；

（2）按下 SB1，控制线路及电动机应能正常工作，若不正常工作，应断开电源并分析排除故障后才能闭合电源重新操作。

5.7　Y-△启动自动控制线路

一、实训目的

（1）通过对 Y-△启动自动控制线路的连接，掌握将线路原理图连接成实际操作电路的方法。

（2）掌握 Y-△启动自动控制线路的工作原理和连接方法。

二、实训项目

本实训项目为 Y-△启动自动控制线路验证，具体线路图如图 5-7 所示。

1. 电路元件

图 5-7 中的电路元件如下：QS 是刀开关，用于接通和切断电源；FU 是熔断器，起短路保护作用；KM、KM_Y、KM_△是交流接触器，分别控制主电路、星形（Y）连接和三角形

图 5-7　Y-△启动自动控制线路

(△)连接;FR 是热继电器,作过载保护;SB1 是启动按钮,SB2 是停止按钮;M 是三相异步电动机。

2. 线路功能

实际操作电路需要按照图 5-7 进行接线,闭合 QS 引入电源,按下 SB1,KM 和 KM$_Y$ 线圈得电,电动机定子绕组接成星形启动,此时相电压降低,启动电流减小。经过一段时间,KM$_Y$ 失电断开,KM$_\triangle$ 得电吸合,电动机定子绕组接成三角形,进入正常运行状态。按下 SB2,或出现过载时,KM、KM$_\triangle$ 失电,电动机停止。

3. 理论与实践技能认知

通过该实训,可掌握 Y-△降压启动电路的原理和接线方法,理解接触器在不同连接方式切换中的作用,以及时间控制在启动过程中的应用,提高对电动机启动控制电路的实践操作和故障排查能力。

三、实训器材

(1)电工实训装置。

(2)刀开关、熔断器、按钮开关、热继电器、三相异步电动机。

四、实训原理

1. 实验电路图

Y-△启动自动控制线路如图 5-7 所示。

2. 线路特征

本实验电路运行如下:

```
                              ┌──► KM(1～3)闭合自锁
按SB1 ──► 线圈KM得电 ──► KM主触头闭合为M作启动准备 ─┐
                                                        │
       ──► 线圈KMY得电 ──► KMY主触头闭合 ──► M作星形降压起动  │
                                                        ▼
       ──► 线圈KT得电 ──► KT(5～7)延时断开 ──► 线圈KMY失电、主触头断开 ──► M暂失电
                                        KMY(3～9)恢复闭合 ─┐
          ┌──► KT(9～11)延时闭合 ──► 线圈KM△得电、主触头闭合 ──► M作△运行
          │                      ──► KM△(3～5)断开 ──► 线圈KT失电
          │                              └──► 对KMY互锁
          │                      ──► KM△(9～11)闭合自锁
```

停车过程：按SB2 ──► KM、KM△失电释放、M停转

五、实训步骤

实训的具体步骤如下：

（1）确认接线正确后，可接通交流电源。

（2）闭合开关 QS。

（3）按下 SB1，控制线路的动作过程应按原理所述，若操作中发现不正常现象，应断开电源，分析排除故障后重新操作。

5.8　用倒顺开关的三相异步电动机正反转控制线路

一、实训目的

（1）通过对用倒顺开关的三相异步电动机正反转控制线路的连接，掌握将线路原理图连接成实际操作电路的方法。

（2）掌握用倒顺开关的三相异步电动机正反转控制线路的工作原理和连接方法。

二、实训项目

本实训项目为用倒顺开关的三相异步电动机正反转控制线路验证，具体线路图如图 5-8 所示。

图 5-8　用倒顺开关的三相异步电动机正反转控制

1. 电路元件

图 5-8 中的电路元件如下：QS1 和 QS2 均为刀开关，QS1 用于引入三相交流电源，QS2 是具有换相功能的双投刀开关；M 是三相异步电动机，L1、L2、L3 为三相交流电源进线，连接到电动机绕组 U、V、W。

2. 线路功能

实际操作电路需要按照图 5-8 进行接线，先闭合 QS1 接通电源，当 QS2 投向一侧时，电动机绕组按一种相序接入电源，电动机正向转动；若将 QS2 投向另一侧，则改变了电动机绕组的电源相序，电动机实现反向转动。

3. 理论与实践技能认知

通过该实训，可以掌握三相异步电动机通过改变电源相序实现正反转的原理，学会手动控制正反转的电路连接方法，理解相序对电动机转向的影响，提升对电动机基本控制电路的实践认知和动手能力。

三、实训器材

(1) 电工实训装置。

(2) 刀开关、熔断器、三相异步电动机。

四、实训原理

1. 实验电路图

用倒顺开关的三相异步电动机正反转控制线路如图 5-8 所示。

2. 线路特征

该控制线路的优点是所用电器少，其缺点是在频繁换向时，操作工劳动强度大，不方便，被控电动机的容量较小。

五、实训步骤

实训的具体步骤如下：

(1) 将 QS1 置于断开位置，QS2 的手柄扳到"停"位置。

(2) 接通交流电源，QS2 扳到正转(开关置于"顺转"位置)状态时，电动机即启动正转，若要使电动机反转，则应把 QS2 扳到"停"位置，使电动机先停转，然后将手柄扳到反转(开关置于"倒转"位置)，则电动机应启动反转。

若电动机不能正常工作，则应分析原因排除故障，使线路能正常工作。

5.9 接触器联锁的三相异步电动机正反转控制线路

一、实训目的

(1) 通过对接触器联锁的三相异步电动机正反转控制线路的连接，掌握将线路原理图连接成实际操作电路的方法。

(2) 掌握接触器联锁的三相异步电动机正反转控制线路的工作原理和连接方法。

二、实训项目

本实训项目为接触器联锁的三相异步电动机正反转控制线路验证，具体线路图如图 5-9 所示。

图 5-9　接触器联锁的三相异步电动机正反转控制线路

1. 电路元件

图 5-9 中的电路元件如下：QS 是刀开关，用于引入电源；FU1、FU2 是熔断器，分别对主电路和控制电路起短路保护作用；KM1、KM2 是交流接触器，分别控制电动机正转和反转电路；FR 是热继电器，提供过载保护；SB1 是停止按钮，SB2、SB3 分别是正转和反转启动按钮；M 是三相异步电动机。

2. 线路功能

实际操作电路需要按照图 5-9 进行接线，闭合 QS，按下 SB2，KM1 线圈得电吸合，主触点闭合，电动机正转，同时 KM1 常闭辅助触点断开，锁住 KM2 线圈电路，防止误操作。按下 SB1，KM1 线圈失电，电动机停止。按下 SB3，KM2 线圈得电，电动机反转，其常闭辅助触点也会断开 KM1 线圈电路。

3. 理论与实践技能认知

通过该实训能够掌握接触器联锁正反转控制电路原理，学会互锁电路连接方法，理解电气互锁在防止电源短路和保障安全运行中的作用，提升电气控制线路的安装与故障排查能力。

三、实训器材

（1）电工实训装置。

（2）刀开关、熔断器、按钮开关、热继电器、交流接触器、三相异步电动机。

四、实训原理

1. 实验电路图

接触器联锁的三相异步电动机正反转控制线路如图5-9所示。

2. 实验过程

如图5-9所示,控制线路的动作过程是:

(1) 正转控制:合上电源开关QS,按正转启动按钮SB2,正转控制回路接通,具体动作过程如下:

$$L1 \rightarrow 2 \rightarrow FR \rightarrow SB1 \rightarrow SB2 \rightarrow KM2常闭触头$$

$$\rightarrow KM1线圈 \rightarrow KM1常开触头闭合自锁$$

$$\downarrow$$
$$1 \quad \rightarrow KM1常闭触头断开对KM2联锁$$

此时,接触器KM1的线圈通电动作,主触头闭合,主电路按照U1、V1、W1的相序接通,电动机正转。

(2) 反转控制:要使电动机改变转向(即由正转变为反转),应先按下停止按钮SB1,使正转控制电路断开,电动机停转,然后才能使电动机反转。为什么要这样操作呢?因为反转控制回路中串联了正转接触器KM1的常闭触头。当KM1通电工作时,它是断开的,若这时直接按反转按钮SB3,反转接触器KM2是无法通电的,电动机也就得不到电源,电动机仍然处在正转状态,不会反转。当先按下停止按钮SB1,使电动停转以后,再按下反转按钮SB3,电动机才会反转。这时,反转线控制线路的动作过程为

$$L1 \rightarrow 2 \rightarrow FR \rightarrow SB1 \rightarrow SB3 \rightarrow KM1常闭触头$$

$$\rightarrow KM2线圈 \rightarrow KM2常开触头闭合自锁$$

$$\downarrow$$
$$1 \quad \rightarrow KM2常闭触头断开对KM1联锁$$

此时,反转接触器KM2通电动作,主触头闭合,主电路按照W1、V1、U1的相序接通,电动机电源相序改变,故电动机作反向旋转。

五、实训步骤

实训的具体步骤如下:

(1) 仔细检查确认接线无误后,接通交流电源。

(2) 按下SB2,电动机应正转(电动机右侧的轴伸端为顺时针转,若不符合转向要求,可停机,换接电动机定子绕组任意两个接线即可)。

(3) 按下SB3,电动机仍应正转。如要电动机反转,应先按SB1,使电动机停转,然后再按SB3,则电动机反转。

若电动机不能正常工作,则应分析并排除故障,使线路正常工作。

5.10 按钮联锁的三相异步电动机接触器正反转控制线路

一、实训目的

(1) 通过对按钮联锁的三相异步电动机接触器正反转控制线路的连接,掌握将线路原

理图连接成实际操作电路的方法。

（2）掌握按钮联锁的三相异步电动机接触器正反转控制线路的工作原理和连接方法。

二、实训项目

本实训项目为按钮联锁的三相异步电动机接触器正反转控制线路验证，具体线路图如图 5-10 所示。

图 5-10　按钮联锁的三相异步电动机接触器正反转控制线路

1. 电路元件

图 5-10 中的电路元件如下：QS 是刀开关，用于接通或切断电源；FU1 是熔断器，对主电路起短路保护作用；KM1 和 KM2 是交流接触器，分别控制电动机的正转和反转；FR 是热继电器，实现过载保护；SB1 是停止按钮，SB2 和 SB3 分别是正转和反转启动按钮；M 是三相异步电动机。

2. 线路功能

实际操作电路需要按照图 5-10 进行接线，闭合 QS 引入电源，按下正转启动按钮 SB2，KM1 线圈得电，主触点闭合，电动机正转，同时 KM1 的常闭辅助触点断开，进行电气联锁，防止 KM2 误动作，并且 SB2 的常闭触点也会在按下时断开，进行机械联锁。按下停止按钮 SB1，电动机停止。按下反转启动按钮 SB3，KM2 线圈得电，电动机反转，同理实现双重联锁。

3. 理论与实践技能认知

通过该实训，能够掌握双重联锁正反转控制电路的原理和接线方法，理解电气联锁和机械联锁在电动机正反转控制中的协同作用，提高对电气控制线路安全性和可靠性的认识以及实践操作能力。

三、实训器材

(1) 电工实训装置。

(2) 刀开关、熔断器、按钮开关、热继电器、交流接触器、三相异步电动机。

四、实训原理

1. 实验电路图

按钮联锁的三相异步电动机接触器正反转控制线路如图 5-10 所示。

2. 线路特征

如图 5-10 所示,该线路的动作过程基本上与实验 5.9 相似。它的优点是:当需要改变电动机的转向时,只要直接按反转按钮即可,不必先按停止按钮。这是因为,如果电动机已按正转方向运转,则线圈是通电的。这时,如果按下按钮 SB2,它串在 KM1 线圈回路中的常闭触头首先断开,将 KM1 线圈回路断开,相当于按下停止按钮 SB3,使电动机停转,随后 SB2 的常开触头闭合,接通线圈 KM2 的回路,使电源相序相反,电动机即反向旋转。同样,当电动机已作反向旋转时,若按下 SB1,电动机就先停转后正转。该线路是利用按钮动作时,常闭触头先断开、常开触头后闭合的特点来控制 KM1 与 KM2 的常闭触头的,此触头也称为联锁触头。

五、实训步骤

实训的具体步骤如下:

(1) 确认接线正确后,接通交流电源。

(2) 按下 SB1,电动机应正转。

(3) 按下 SB2,电动机应反转。

(4) 按下 SB3,电动机应停转。

若电动机不能正常工作,则应分析并排除故障。

5.11　双重联锁的三相异步电动机正反转控制线路

一、实训目的

(1) 通过对双重联锁的三相异步电动机正反转控制线路的连接,掌握将线路原理图连接成实际操作电路的方法。

(2) 掌握双重联锁的三相异步电动机正反转控制线路的工作原理和连接方法。

二、实训项目

本实训项目为双重联锁的三相异步电动机正反转控制线路验证,具体线路图如 5-11 所示。

1. 电路元件

图 5-11 中的电路元件如下:QS 为刀开关,用于隔离电源;FU1 是熔断器,起短路保护作用;KM1、KM2 是交流接触器,分别控制电动机正转和反转;FR 是热继电器,作过载保护;SB1 是停止按钮,SB2、SB3 分别为正转和反转启动按钮;M 是三相异步电动机。

图 5-11　双重联锁的三相异步电动机正反转控制线路

2．线路功能

实际操作电路需要按照图 5-11 进行接线，闭合刀开关 QS 引入电源，按下 SB2，KM1 线圈得电，主触点闭合，电动机正转，同时 KM1 常闭辅助触点断开，锁住 KM2 电路；按下 SB1，电动机停止。按下 SB3，KM2 线圈得电，电动机反转，其常闭辅助触点断开 KM1 电路，实现互锁，防止电源短路。

3．理论与实践技能认知

通过该实训，可掌握电动机可逆运行控制电路的原理与接线，理解联锁保护在正反转控制中的重要性，提升电气控制线路的安装、调试及故障排查能力。

三、实训器材

（1）电工实训装置。

（2）刀开关、熔断器、按钮开关、交流接触器、热继电器、三相异步电动机。

四、实训原理

1．实验电路图

双重联锁的三相异步电动机正反转控制线路如图 5-11 所示。

2．线路特征

把实验 5.9 和 5.10 电路的优点结合起来就构成了双重联锁的正反转控制线路，如图 5-11 实验线路实际上就是在按钮联锁的基础上，增加了接触器联锁。这种线路操作方便，安全可靠，应用非常广泛。其工作原理可自行分析。

五、实训步骤

实训的具体步骤如下：

（1）经检查接线牢固和无误后，按下 SB2，电动机应正转。

（2）按下 SB1 电动机应停转。

（3）按下 SB3，电动机应反转。

（4）松开 SB3，再按下 SB2，电动机应从反转状态变为正转状态。

若电动机的控制线路不能正常工作，则应分析排除故障后才能重新操作。

5.12　三相异步电动机单向降压启动及反接制动控制线路

一、实训目的

（1）通过对三相异步电动机单向降压启动及反接制动控制线路的连接，掌握将线路原理图连接成实际操作电路的方法。

（2）掌握三相异步电动机单向降压启动及反接制动控制线路的工作原理和连接方法。

二、实训项目

本实训项目为三相异步电动机单向降压启动及反接制动控制线路验证，具体线路图如图 5-12 所示。

图 5-12　三相异步电动机单向降压启动及反接制动控制线路

1. 电路元件

图 5-12 中的电路元件如下：QS 是刀开关，用于引入电源；FU1 是熔断器，起短路保护作用；KM1、KM2、KM3 是交流接触器，分别控制电动机正常运行、反接制动和短接电阻等不同状态；SB1 是停止按钮，SB2 是启动按钮；KZ 是中间继电器；SR 是速度继电器，用于检测电动机转速。

2. 线路功能

实际操作电路需要按照图 5 - 12 进行接线，闭合 QS，按下 SB2，KM1 得电，电动机正常运转，速度继电器 SR 的常开触点闭合。按下 SB1，KM1 失电，同时 KM2 和 KM3 得电，电动机接入反向电源进行反接制动，串接的电阻起到限制制动电流的作用。当电动机转速降至接近零时，SR 常开触点断开，KM2 和 KM3 失电，制动结束。

3. 理论与实践技能认知

通过该实训，能够掌握反接制动的原理和控制电路接线方法，理解速度继电器在制动控制中的应用，以及各电气元件在制动过程中的协同工作机制，提升对电动机控制电路的综合实践能力。

三、实训器材

（1）电工实训装置。

（2）刀开关、熔断器、按钮开关、交流接触器、热继电器、三相异步电动机。

四、实训原理

1. 实验电路图

三相异步电动机单向降压启动及反接制动控制线路如图 5 - 12 所示。

2. 线路特征

图 5 - 12 中 KM1 为正转运行接触器，KM2 为反接制动接触器，用点划线和电动机 M相连的 SR，表示速度继电器 SR 与 M 同轴，（注：请用电动机上的离心开关代替速度继电器），动作过程如下：

单向降压起动的动作过程为

反转制动过程为

反接制动的优点是设备简单，调整方便，制动迅速，价格低。其缺点是制动冲击大，制动能量损耗大，不宜频繁制动，且制动准确度不高。反接制动适用于要求制动迅速、系统惯性较大、制动不频繁的场合。

五、实训步骤

实训的具体步骤如下：

（1）经检查接线无误后，操作者可接通交流电源自行操作。

（2）若电动机动作过程不符合要求或出现不正常现象，则应分析并排除故障，使控制线路能正常工作。

5.13 三相异步电动机能耗制动控制线路

一、实训目的

（1）通过对三相异步电动机能耗制动控制线路的连接，掌握将线路原理图连接成实际操作电路的方法。

（2）掌握三相异步电动机能耗制动控制线路的工作原理和连接方法。

二、实训项目

本实训项目为三相异步电动机能耗制动控制线路验证，具体线路图如图 5-13 所示。

图 5-13　三相异步电动机能耗制动控制线路

1. 电路元件

图 5-13 中的电路元件如下：QS 是刀开关，用于引入电源；FU1、FU2 是熔断器，分别对主电路和控制电路起短路保护作用；KM1、KM2 是交流接触器，KM1 控制电动机正常运行，KM2 用于能耗制动时接通直流电源；KT 是时间继电器，控制能耗制动的时间；FR 是热继电器，提供过载保护；SB1 是启动按钮，SB2 是停止按钮；R 是限流电阻；VD 是整流二极管，用于将交流电转换为直流电。

2. 线路功能

实际操作电路需要按照图 5 - 13 进行接线，闭合 QS，按下 SB1，KM1 线圈得电，电动机正常运转。按下 SB2，KM1 线圈失电，同时 KM2 和 KT 线圈得电，KM2 主触点闭合，直流电通入电动机定子绕组，产生制动转矩，电动机进行能耗制动。到达 KT 设定时间后，KT 延时断开触点动作，KM2 线圈失电，制动结束。

3. 理论与实践技能认知

在实训过程中，可以掌握能耗制动的原理和控制电路接线方法，理解时间继电器和整流电路在能耗制动中的应用，提升对电动机制动控制的实践操作和故障排查能力。

三、实训器材

(1) 电工实训装置。

(2) 刀开关、熔断器、按钮开关、热继电器、交流接触器、时间继电器、三相异步电动机。

四、实训原理

1. 实验电路图

三相异步电动机能耗制动控制线路如图 5 - 13 所示。

2. 线路特征

如图 5 - 13 所示，该控制线路适用于 10 kW 以下电动机，可以采用半波整流能耗制动自动控制电路，这种线路结构简单，附加设备较少，体积小，采用一只二极管半波整流器作为直流电源。(请用整流桥的一臂代替)

五、实训步骤

实训的具体步骤如下：

(1) 经检查所有元器件安装牢固且接线无误后，操作者可接通交流电源自行操作。

(2) 若出现不正常现象，则应分析原因并排除故障，使之正常工作。

5.14 三相异步电动机的顺序控制线路

一、实训目的

(1) 通过对三相异步电动机的顺序控制线路的连接，掌握将线路原理图连接成实际操作电路的方法。

(2) 掌握三相异步电动机的顺序控制线路的工作原理和连接方法。

二、实训项目

本实训项目为三相异步电动机的顺序控制线路验证，具体线路图如图 5 - 14 所示。

1. 电路元件

图 5 - 14 的电路元件如下：QS 是刀开关，用于接通或切断电源；FU1 是熔断器，分别

对两台电动机的主电路起短路保护作用；KM1、KM2 是交流接触器，分别控制电动机 M1 和 M2；FR1、FR2 是热继电器，分别为电动机 M1 和 M2 提供过载保护；M1、M2 为双笼型三相异步电动机。

图 5-14 三相异步电动机的顺序控制线路

2. 线路功能

实际操作电路需要按照图 5-14 进行接线，闭合 QS 引入电源，先控制 KM1 线圈得电，其主触点闭合，电动机 M1 启动运行。在 M1 运行的基础上，再使 KM2 线圈得电，M2 启动运行。通过这样的电路设计，可以实现电动机 M1 启动后 M2 才能启动的顺序控制要求。

3. 理论与实践技能认知

在实训过程中，可掌握电动机顺序控制电路的原理和接线方法，理解各电气元件在顺序控制中的协同作用，提升电气控制线路的安装与调试能力。

三、实训器材

（1）电工实训装置。

（2）刀开关、熔断器、按钮开关、热继电器、交流接触器、三相异步电动机。

四、实训原理

1. 实验电路图

三相异步电动机的顺序启动控制线路如图 5-14 所示。

2. 线路特征

图 5-15(a)中，接触器 KM1 的另一常开触头（线号为 6、7）串联在接触器 KM2 线圈的控制电路中，当按下 SB11 使电动机 M1 启动运转后，再按下 SB21，电动机 M2 才会启动运转，若要让电动机 M2 停止，则只要按下 SB22；如要让 M1、M2 都停机，则只要按下 SB12

即可。

图 5-15(b)也为顺序控制电路，启动顺序控制与前述相同，但它的停止是有特点的。由于在 SB12 停止按钮两端并联着一个接触器 KM2 的常开辅助触头，所以只有先使接触器 KM2 线圈失电，即电动机 M2 停止，同时 KM2 常开辅助触头断开，然后才能按动 SB12 达到断开接触器 KM1 线圈电源的目的，从而使电动机 M1 停止，这种顺序控制线路的特点是：使两台电动机依次顺序启动，逆序停止。

图 5-15 顺序启动控制线路

五、实训步骤

实训的具体步骤如下：

(1) 经检查元器件安装、接线无误后，操作者可自行通电试车。

(2) 若出现故障应分析排除故障，使电动机正常工作。

5.15 三相异步电动机的多地控制线路

一、实训目的

(1) 通过对三相异步电动机的多地控制线路的连接，掌握将线路原理图连接成实际操作电路的方法。

(2) 掌握三相异步电动机的多地控制线路的工作原理和连接方法。

二、实训项目

本实训项目为三相异步电动机的多地控制线路验证，具体线路图如图 5-16 所示。

1. 电路元件

图 5-16 中的电路元件发中下：QS 是刀开关，用于引入电源；FU1 通常用于短路保护（推测）；KM 是交流接触器，控制电动机主电路通断；FR 是热继电器，提供过载保护；SB11、SB12 分别为甲地的启动和停止按钮；SB21、SB22 分别为乙地的启动和停止按钮；M 是三相异步电动机。

2. 线路功能

实际操作电路需要按照图 5-16 进行接线，闭合 QS 接通电源，在甲地按下 SB11，KM

图 5 - 16　三相异步电动机的多地控制线路

线圈得电,电动机启动,按下 SB12,KM 线圈失电,电动机停止。在乙地操作 SB21 和 SB22 也能实现同样的启停控制,通过多地的启动按钮并联,停止按钮串联方式,可以达到多地均可控制电动机的目的。

3. 理论与实践技能认知

在实训过程中,能掌握多地控制电路的原理与接线方法,理解按钮在多地控制中的逻辑关系,提升电气控制线路的设计与实践操作能力。

三、实训器材

(1) 电工实训装置。

(2) 刀开关、熔断器、按钮开关、热继电器、交流接触器、三相异步电动机。

四、实训原理

1. 实验电路图

三相异步电动机的多地控制线路如图 5 - 16 所示。

2. 线路特征

如图 5 - 16 所示,SB11 和 SB12 为甲地的启动和停止按钮;SB21 和 SB22 为乙地的启动和停止按钮。它们可以分别在两个不同地点上控制接触器 KM 的接通和断开,进而实现两地控制同一电动机启、停的目的。

五、实训步骤

实训的具体步骤如下:

(1) 经检查接线无误后,接通交流电源并进行操作。

(2) 若操作中出现不正常现象,则应自行分析,排除故障。

5.16　三相异步电动机正反转点动启动控制线路

一、实训目的

（1）通过对三相异步电动机正反转点动启动控制线路的连接，掌握将线路原理图连接成实际操作电路的方法。

（2）掌握三相异步电动机正反转点动启动控制线路的工作原理和连接方法。

二、实训项目

本实训项目为三相异步电动机正反转点动启动控制线路验证，具体线路图如图 5-17 所示。

图 5-17　三相异步电动机正反转点动启动控制线路

1. 电路元件

图 5-17 中的电路元件如下：QS 是刀开关，用于隔离电源；FU1 是熔断器，起短路保护作用；KM1、KM2 是交流接触器，分别控制电动机的正转和反转；FR 是热继电器，提供过载保护；SB1、SB2 分别为正转和反转点动按钮；M 是三相异步电动机。

2. 线路功能

实际操作电路需要按照图 5-17 进行接线，闭合 QS 引入电源，按下 SB1，KM1 线圈得电，其主触点闭合，电动机正转，松开 SB1，KM1 线圈失电，电动机停止；按下 SB2，KM2 线圈得电，主触点闭合，电动机反转，松开 SB2，KM2 线圈失电，电动机停止。通过这种方式可实现点动控制下的电动机正反转切换。

3. 理论与实践技能认知

在实训过程中,可以掌握点动控制和正反转控制相结合的电路原理及接线方法,理解交流接触器在点动正反转控制中的作用,提升对电气控制线路的实践操作和故障排查能力。

三、实训器材

(1) 电工实训装置。

(2) 刀开关、熔断器、按钮开关、热继电器、交流接触器、三相异步电动机。

四、实训原理

1. 实验电路图

三相异步电动机正反转点动启动控制线路如图 5-17 所示。

2. 线路特征

如图 5-17 所示,该线路图中,用两个按钮 SB1 和 SB2 实现正反转的点动控制。即按下 SB1,正转线圈 KM1 得电,KM1 主触点闭合,实现三相电动机的正向转动,同时为 SB1 联锁的触头切断了反转电路,保正电路的安全可靠;松开 SB1,电动机停止转动实现点动控制。

需要反转时,按下 SB2,反转线圈 KM2 得电,KM2 主触头闭合,三相电动机反向转动;松开 SB2,电动机的反转停止,实现反转控制。

五、实训步骤

实训的具体步骤如下:

(1) 经检查接线无误后,接通交流电源并进行操作。

(2) 若操作中出现不正常现象,则应自行分析排除故障。

5.17 工作台自动往返控制线路

一、实训目的

(1) 通过对工作台自动往返控制线路的连接,掌握将线路原理图连接成实际操作电路的方法。

(2) 掌握工作台自动往返控制线路的工作原理和连接方法。

二、实训项目

本实训项目为工作台自动往返控制线路验证,具体线路图如图 5-18 所示。

1. 电路元件

图 5-18 中的电路元件如下:QS 是刀开关,用于接通电源;FR 是热继电器,提供过载保护;SB1、SB2 是启动开关,分别控制前进和后退;KM1、KM2 是交流接触器,分别控制电动机正转和反转;SQ1~SQ4 是行程开关,用于检测工作台位置;SB3 是停止按钮;M 是三相异步电动机,连接工作台。

图 5-18　工作台自动往返控制线路

2. 线路功能

实际操作电路需要按照图 5-18 进行接线，闭合 QS，按下启动按钮 SB1，KM1 得电，电动机正转，工作台前进，碰到 SQ1 后，其常闭触点断开，KM1 失电，KM2 常开触点闭合，电动机反转，工作台后退。碰到 SQ2 后，又切换回正转，如此循环；按下启动按钮 SB2，KM2 得电，电动机反转，工作台后退，碰到 SQ2 后，其常闭触点断开，KM2 失电，常开触点闭合 KM1，电动机正转，工作台前进。碰到 SQ1 后，又切换回反转，如此循环；按下 SB3 则停止。SQ3 和 SQ4 作为极限保护，防止行程开关 SQ1、SQ2 失灵时出现事故。

3. 理论与实践技能认知

在实训过程中，可掌握行程控制原理和电路接线方法，理解行程开关及接触器在自动往返控制中的协同作用，提高电气控制线路的设计与实践操作能力。

三、实训器材

（1）电工实训装置。

（2）刀开关、熔断器、按钮开关、热继电器、交流接触器、行程开关、三相异步电动机。

四、实训原理

1. 实验电路图

工作台自动往返控制线路如图 5-18 所示。

2. 线路特征

如图 5-18 所示，图中 SQ1、SQ2 装在机床床身上，用来控制工作台的自动往返，SQ3 和 SQ4 用来作终端保护，即限制工作台的极限位置。在工作台的梯形槽中装有挡块，当挡块碰撞行程开关后，能使工作台停止和换向，工作台就能实现往返运动。工作台行程可通过移动挡块位置来调节,以适应加工不同的工件。

该线路的工作原理图示如下:

合上电源开关QS

按SB1 → KM1线圈得电 → 自锁
主触头闭合 → 电动机M正转 → 工作台向右移动
与KM2联锁

至指定位置
挡块碰SQ1 → 常闭触头先分开 → KM1失电 → 电动机停转 → 工作台停止
解除对KM2的联锁

常开触头后闭合 → KM2通电 → 自锁
主触头闭合、电动机反转
工作台向左移动
对KM1联锁

至指定位置
挡块碰SQ2 → 常闭触头先分开 → KM2失电 → 电动机停转 → 工作台停止
解除对KM1的联锁

常开触头后闭合 → KM2通电 → 自锁
主触头闭合、电动机反转
工作台向右移动
对KM2联锁

以后重复上述过程,工作台就在一定行程范围内往返运动

图中的 SQ3 和 SQ4 分别安装在向右或向左的某个极限位置上。如果 SQ1 或 SQ2 失灵,工作台会继续向右或向左运动,当工作台运行到极限位置时,撞块就会碰撞 SQ3 和 SQ4,从而切断控制线路,迫使电动机 M 停转,工作台停止移动,SQ3 和 SQ4 在这里实际上起终端保护作用,因此称其为终端保护开关,简称终端开关。

五、实训步骤

实训的具体步骤如下:

(1) 按 SB1,观察并调整电动机 M 为正转(模拟工作台向右移动),用手代替挡块按压 SQ1,电动机先停转再反转,即可使 SQ1 自动复位(反转模拟工作台向左移动)。

(2) 若用手代替挡块按压 SQ2 再使其自动复位,则电动机先停转再正转。

(3) 以后重复上述过程,电动机都能正常正反转。若拨动 SQ3 或 SQ4 极限位置开关则电动机应停转。

(4) 若不符合上述控制要求,则应分析并排除故障。

5.18 带有点动的自动往返控制线路

一、实训目的

(1) 通过对带有点动的自动往返控制线路的连接,掌握将线路原理图连接成实际操作电路的方法。

(2) 掌握带有点动的自动往返控制线路的工作原理和连接方法。

二、实训项目

本实训项目为带有点动的自动往返控制线路验证,具体线路图如图 5-19 所示。

图 5-19　带有点动的自动往返控制线路

1. 电路元件

图 5-19 中的电路元件如下：QS 是刀开关，用于引入电源；FR 是热继电器，提供过载保护；KM1、KM2 是交流接触器，分别控制电动机正转和反转；SQ1～SQ4 是行程开关，用于检测工作台位置；SB1～SB4 是按钮，其中 SB1、SB2 用于点动控制，SB3、SB4 用于自动往返控制；M 是三相异步电动机，带动工作台运动。

2. 线路功能

点动控制：闭合 QS，按下 SB1，KM1 线圈得电，电动机正转实现工作台点动前进；按下 SB2，KM2 线圈得电，电动机反转实现工作台点动后退。

自动往返控制：按下 SB3，KM1 得电，电动机正转，工作台前进，碰到 SQ2 后，其常闭触点断开 KM1，常开触点闭合 KM2，电动机反转，工作台后退。碰到 SQ1 后，又切换回正转，如此循环。按下 SB4 或工作台触碰极限保护行程开关 SQ3、SQ4 时，电动机停止。

3. 理论与实践技能认知

在实训过程中，能够掌握点动控制、自动往返控制电路的原理与接线，理解行程开关和按钮在不同控制方式中的应用，提高电气控制线路综合设计与实践操作能力。

三、实训器材

（1）电工实训装置。

（2）刀开关、熔断器、按钮开关、热继电器、交流接触器、行程开关、三相异步电动机。

四、实训原理

1. 实验电路图

带有点动的自动往返控制线路如图 5-19 所示。

2. 线路特征

如图 5-19 所示，本实验在实验 5.17 的基础上增加了点动功能。本实验中往复运动的工作原理与实验 5.17 相同。

点动功能原理：按下 SB3，其常闭触点断开，切断了 KM1 的自保触点，但是其常开触点闭合，同样使 KM1 线圈得电，实现正向点动控制。反向同理，按下 SB4，其常闭触点断开，切断了 KM2 的自保触点，但是其常开触点闭合，同样使 KM2 线圈得电，实现反向点动控制。

五、实训步骤

实训的具体步骤如下：

（1）本实验是一个既有点动控制又有自动控制的实验，认真按照图 5-19 接线，按动每一个实验按钮，实现其相应的功能。

（2）若实验现象不正常，应马上断开电源，检查接线，分析故障，待问题解决后再通电实验。

5.19 X62W 型万能铣床主轴与进给电动机的联动控制线路

一、实训目的

（1）通过对 X62W 型万能铣床主轴与进给电动机的联动控制线路的连接，掌握将线路原理图连接成实际操作电路的方法。

（2）掌握 X62W 型万能铣床主轴与进给电动机的联动控制线路的工作原理和连接方法。

二、实训项目

本实训项目为 X62W 型万能铣床主轴与进给电动机的联动控制线路验证，具体线路图如图 5-20 所示。

图 5-20　X62W 型万能铣床主轴与进给电动机的联动控制线路

1. 电路元件

图 5 - 20 中的电路元件如下：QS 是刀开关，用于接通和切断电源；FU1 是熔断器，实际应用中一般起短路保护作用；KM1、KM2 是交流接触器，分别控制电动机 M1 和 M2；FR1、FR2 是热继电器，分别为电动机 M1 和 M2 提供过载保护；SB1 是 M1 的启动按钮，SB2 是 M2 的启动按钮，SB3 是总停止按钮；M1、M2 是三相异步电动机。

2. 线路功能

实验操作电路需要按照图 5 - 20 进行接线，闭合 QS 引入电源，按下 SB1，KM1 线圈得电，其主触点闭合，电动机 M1 启动运行。只有在 M1 启动后，按下 SB2，KM2 线圈才会得电，使电动机 M2 启动。按下 SB3，控制电路失电，KM1 和 KM2 线圈失电，两台电动机停止。通过这样的控制线路可以实现 M1 先启动，M2 后启动的顺序控制。

3. 理论与实践技能认知

在实训过程中，可以通过该实训掌握电动机顺序控制电路的原理和接线方法，理解各电气元件在顺序控制中的作用，提升对电气控制线路的安装、调试及故障排查能力。

三、实训器材

（1）电工实训装置。

（2）刀开关、熔断器、按钮开关、热继电器、交流接触器、三相异步电动机。

四、实训原理

1. 实验电路图

X62W 型万能铣床主轴与进给电动机的联动控制线路如图 5 - 20 所示。

2. 线路特征

如图 5 - 20 所示，图中 M1 是主轴电动机，M2 是进给电动机。该线路的特点是，进给电动机 M2 控制电路是与接触器 KM1 的常开辅助触头串联的。这就保证了只有当 M1 启动后，M2 才能启动。而且，如果由于某种原因（如过载或失压等）使 KM1 失电，M1 停转，M2 也立即停转，这就实现了两台电动机的顺序和联锁控制。

图 5 - 20 所示控制线路的工作原理为：合上 QS，按下启动按钮 SB1，接触器 KM1 线圈通电，主触头 KM1 闭合，电动机 M1 启动运转。与此同时，常开辅助触头 KM1 闭合形成自锁。然后按下启动按钮 SB2，接触器 KM2 线圈通电，主触头 KM2 闭合，电动机 M2 启动运转。同时，常开辅助触头 KM2 闭合自锁。

停车时，只需按动停止按钮 SB3，两台电动机会同时停止。

如果事先不按 SB1，线圈不通电，常开辅助触头 KM1 不闭合，这时即使按下 SB2，线圈 KM2 也不会通电，所以电动机 M2 既不能先于 M1 启动，也不能单独停止。图中的两个热继电器常闭触头 FR1 和 FR2 分别串接在两个控制电路的电路中，发生过载现象，均可使两台电动机断电，得到过载保护。

五、实训步骤

实训的具体步骤如下：

（1）经检查接线无误后，接通交流电源并进行操作。

（2）若操作中出现不正常现象，则应自行分析，排除故障。

5.20 C620型车床的接线、故障与维修控制线路

一、实训目的

（1）通过对 C620 型车床的接线、故障与维修控制线路的连接，掌握将线路原理图连接成实际操作电路的方法。

（2）掌握 C620 型车床的接线、故障与维修控制线路的工作原理和连接方法。

二、实训项目

本实训项目为 C620 型车床的接线、故障与维修控制线路验证，具体线路图如图 5-21 所示。

图 5-21 C620 型车床的接线、故障与维修控制线路

1. 电路元件

图 5-21 中的电路元件如下：QS1、QS3 是刀开关，用于引入三相电源；FU1、FU2 是熔断器，分别对主电路和控制电路起短路保护作用；KM 是交流接触器，控制电动机电路的通断；FR1、FR2 是热继电器，为两台电动机 M1、M2 提供过载保护；控制电路中还有变压器 TC，将 AC 380 V 转换为 AC 220 V，为后续控制元件及照明灯 HL 供电。

2. 线路功能

实际操作电路需要按照图 5-21 进行接线，闭合 QS1 接通电源，闭合 QS2，通过 SB2 的闭合控制电路得电。通过控制 KM 线圈的通断电，来控制主电路中 M1、M2 两台电动机

的启动与停止。KM 线圈得电，主触点闭合，两台电动机同时启动运行；KM 线圈失电，主触点断开，电动机停止。通过 QS3 的闭合，完成照明灯 HL 的开启。

3．理论与实践技能认知

在实训过程中，可掌握双电动机共用控制电路的原理和接线方法，理解熔断器、热继电器、接触器等元件在电路中的协同工作机制，以及变压器在控制电路中的变压作用，提升电气控制线路的安装与调试能力。

三、实训器材

（1）电工实训装置。

（2）刀开关、熔断器、按钮开关、热继电器、交流接触器、灯、变压器、三相异步电动机。

四、实训原理

1．实验电路图

C620 型车床的接线、故障与维修控制线路如图 5 - 21 所示。

2．线路特征

如图 5 - 21 所示，该电气线路的操作过程如下：

合上电源开关 QS1，将工件安装好以后，按下启动按钮 SB2，这时控制电路通电，通电回路是（U11－FU2－SB1－SB2－KM－FR1－FR2－FU2－V11）。接触器 KM 的线圈通电使铁心吸合，主回路中接触器 KM 的三个常开触头合上，主电机 M1 得到三相交流电而启动运转，同时接触器 KM 的常开辅助触头也合上，对控制回路进行自锁，保证启动按钮 SB2 松开时，接触器 KM 的线圈仍然通电。若机加工时需要冷却，则闭合开关 QS2，让冷却泵电动机 M2 通电运转，带动冷却泵供应冷却液。

要求停车时，按下停止按钮 SB1，使控制回路失电，接触器 KM 跳开，使主电路断电，电动机停止转动。若两台电动机有一台长期过载，则串联在主电路中的热继电器发热元件将过热而使双金属片弯曲，通过机械杠杆推开串联在控制回路中的常闭触头，使控制电路断电，接触器 KM 断电释放，主回路失电，电动机停止转动，通过机械制动装置使主轴制动。若要再次启动电动机，只有在排除过载原因以后方可运行。但必须将动作过的热继电器复位，用手去按下热继电器上安装的复位钮。有的热继电器是自动复位的，可以不必人工复位。另外，若电源电压太低，则使电动机输出转矩下降很多，拖不动负载而造成闷车事故，使电动机烧毁。接触器本身具有失压和欠压保护功能，当电压低于额定电压的 80% 时，接触器线圈的电磁吸力将克服不了铁心上的弹簧力而自行释放，这就可以避免欠压造成的事故。

五、实训步骤

实训的具体步骤如下：

（1）经检查接线无误后，接通交流电源并进行操作。

（2）若操作中出现不正常现象，则应自行分析，排除故障。

（3）当需要照明灯时，闭合 QS3 接通电源，照明灯 HL 点亮。

5.21 电动葫芦的控制线路

一、实训目的

(1) 通过对电动葫芦的控制线路的连接，掌握将线路原理图连接成实际操作电路的方法。

(2) 掌握电动葫芦的控制线路的工作原理和连接方法。

二、实训项目

本实训项目为电动葫芦的控制线路验证，具体线路图如图 5-22 所示。

图 5-22 电动葫芦的控制线路

1. 电路元件

QS 是刀开关，用于引入电源；FU 是熔断器，起短路保护作用；KM1～KM4 是交流接触器，用于控制两台电动机 M1 和 M2 的不同运行状态；SB1～SB4 是按钮开关，用于发出操作指令；行程开关 SQ、SQ1、SQ2 为控制葫芦路径的限位开关。

2. 线路功能

实际操作电路需要按照图 5-22 进行接线，通过按下不同的按钮组合，控制对应接触器线圈得电或失电，实现 M1 和 M2 的单独启动、停止，或是同时启动、停止等多种运行模式。例如，按下 SB1 按钮使 KM1 线圈得电，M1 正向启动；按下 SB3 按钮让 KM3 线圈得电，M2 正向启动。

3. 理论与实践技能认知

通过该实训，学生能够掌握多电动机控制电路的原理和接线方法，熟悉不同控制逻辑下接触器和按钮的配合使用，提升对复杂电气控制线路的设计、安装与调试能力。

三、实训器材

(1) 电工实训装置。

(2) 刀开关、熔断器、按钮开关、交流接触器、行程开关、三相异步电动机。

四、实训原理

1. 实验电路图

电动葫芦的控制线路如图 5 - 22 所示。

2. 线路特征

如图 5 - 22 所示，电源由电网经转换开关 QS、熔断器 FU，接到提升接触器 KM1、下降接触器 KM2、正向移动接触器 KM3 及反向移动接触器 KM4 的主触头，并经过接触器引入电动机 M1 和 M2。提升机构的向上运动由行程开关 SQ 限制，前后移动机构分别由行程开关 SQ1 和 SQ2 进行限位。电动机在工作时是点动控制的，可以保证在操作人员离开按钮盒时，电动葫芦的电动机能自动断电停转。

五、实训步骤

实训的具体步骤如下：

(1) 经检查接线无误后，接通交流电源并进行操作。

(2) 若操作中出现不正常现象，应自行分析，排除故障。

5.22　CA6140 车床控制线路

一、实训目的

(1) 通过对 CA6140 车床控制线路的连接，掌握将线路原理图连接成实际操作电路的方法。

(2) 掌握 CA6140 车床控制线路的工作原理和连接方法。

二、实训项目

本实训项目为 CA6140 车床控制线路验证，具体线路图如图 5 - 23 所示。

1. 电路元件认识

电源部分：通过电源开关 QF 引入三相电源，FU1 为熔断器，起短路保护作用。TC 为控制变压器，可以将电压转换为不同等级，为控制电路、照明电路等供电，FU2、FU3、FU4 为熔断器，分别对相应电路进行短路保护。

电动机部分：有二台电动机。M1 为主轴电动机，由接触器 KM 控制启停，热继电器 FR1 作过载保护；M2 为冷却泵电动机，通过中间继电器 KA1 控制，FR2 负责过载保护；M3 为刀架快速移动电动机，由中间继电器 KA2 控制。

控制电路部分：SB1、SB2 分别是 M1 的停止和启动按钮；SB3、SB4 用于控制刀架快速移动；行程开关 SQ1 用于相关位置检测；SA 是照明控制开关；HL 为信号灯，BL 为照明灯。

2. 线路功能

实际操作电路需要按照图 5 - 23 进行接线，闭合 QF 引入电源，控制电路得电。按下 SB2，KM 线圈得电，M1 启动带动主轴运转；按下 SB1，KM 失电，M1 停止。

当 M1 启动后，KA1 线圈得电，M2 启动提供冷却液；按下 SB4，KA2 得电，M3 启动实现刀架快速移动。

SA 可控制照明灯的亮灭,信号灯 HL 则根据电路状态指示运行情况。

电源保护	电源开关	主轴电机	短路保护	冷却泵电机	刀架快速移动电机	控制电源变压器及保护	继电保护	主轴电机控制	刀架快速移动	冷却泵控制	信号灯	照明灯
1	2	3	4	5	6	7	8	9	10	11	12

图 5 - 23 CA6140 车床控制线路

3. 理论与实践技能认知

在实训过程中,可掌握 CA6140 车床控制线路的原理和接线方法,熟悉车床各部分电气控制逻辑,以及常用低压电器在机床控制中的应用,提升机床电气线路的安装、调试和故障排查能力。

三、实训器材

(1)电工实训装置。

(2)刀开关、熔断器、交流接触器、按钮开关、热继电器、行程开关、三相异步电动机。

四、实训原理

1. 实验电路图

CA6140 车床控制线路如图 5 - 23 所示。

2. 线路特征

线路图如图 5 - 23 所示,该图线路特征如下:

(1)电源电路。

三相交流电源 L1、L2、L3 经电源开关 QF 引入。QF 不仅能在正常时接通和断开电源,还具备一定的短路、过载保护功能(在较大故障电流下自动跳闸)。

控制变压器 TC 一次侧连接三相电源，二次侧输出多个电压等级。其中 24 V 用于照明电路，6 V 用于信号灯电路，110 V 为控制电路供电，不同的电压能够满足各部分电路的工作需求。熔断器 FU2、FU3、FU4 分别对控制变压器二次侧的 110 V、6 V 和 24 V 电路进行短路保护，确保各支路安全。

（2）主电路。

在主轴电动机 M1 控制线路中，接触器 KM 的主触点控制 M1 的电源通断。当 KM 主触点闭合时，三相电源经熔断器 FU1、热继电器 FR1 的热元件，接入 M1 的定子绕组，M1 启动运转；当 KM 主触点断开时，M1 断电停止。

热继电器 FR1 的热元件串联在 M1 的主电路中，当 M1 过载，流过 FR1 热元件的电流长时间过大时，热元件发热使 FR1 的常闭触点断开，从而切断控制电路，使 KM 线圈失电，M1 停止，起到过载保护作用。

在冷却泵电动机 M2 控制线路中，冷却泵电动机 M2 的启动与停止均由中间继电器 KA1 控制。只有当主轴电动机 M1 启动，即 KM 线圈得电吸合后，其辅助常开触点闭合，才为 KA1 线圈得电提供条件。按下相应控制按钮，KA1 线圈得电，KA1 的主触点闭合，M2 接通电源启动，为车床加工提供冷却液；KA1 线圈失电时，M2 停止。

热继电器 FR2 对 M2 进行过载保护的电路，其工作原理与 FR1 对 M1 的保护类似。

刀架快速移动电动机 M3 控制线路，刀架快速移动电动机 M3 由中间继电器 KA2 控制。按下控制按钮 SB4，KA2 线圈得电，KA2 的主触点闭合，M3 接通电源启动，驱动刀架快速移动；松开 SB4，KA2 线圈失电，M3 停止。M3 为短时工作，一般不设置过载保护。

（3）控制逻辑。

主轴电动机 M1 的启停控制逻辑为：启动按钮 SB2 和停止按钮 SB1 串联在 KM 线圈的控制回路中。按下 SB2，控制电路电流经 101 点位—SB1—SB2—KM 线圈—102 点位形成回路，KM 线圈得电，KM 主触点闭合，M1 启动，同时 KM 的辅助常开触点闭合实现自锁，即使松开 SB2，控制电路仍保持接通状态。按下 SB1，常闭触点断开，KM 线圈失电，M1 停止。

冷却泵电动机 M2 的控制逻辑为：在 KM 辅助常开触点闭合的前提下（即 M1 已启动），按下控制按钮 SB3，中间继电器 KA1 线圈得电，其主触点闭合使 M2 启动；按下停止按钮 SB6，KA1 线圈失电，M2 停止。

刀架快速移动电动机 M3 的控制逻辑为：按下点动按钮 SB4，中间继电器 KA2 线圈得电，M3 启动；松开 SB4，KA2 线圈失电，M3 停止，实现点动控制刀架快速移动。

保护与联锁逻辑：热继电器 FR1、FR2 的常闭触点串联在控制电路中，当 M1 或 M2 过载时，对应的常闭触点断开，切断控制电路，使相应电动机停止。行程开关 SQ1 的常闭触点串联在控制电路中，可在特定位置对电路进行控制或保护（例如防止运动部件超程）。

（4）辅助电路控制逻辑。

信号灯 HL 控制逻辑为：信号灯 HL 由控制变压器 TC 输出的 6 V 电压供电，其一端经熔断器 FU3 连接电源，另一端通过相关控制触点连接到电源另一极。当电路处于特定工作状态（如电源接通等）时，相应触点闭合，HL 点亮，用于指示车床的工作状态。

照明电路控制逻辑为：照明电路由控制变压器 TC 输出的 24 V 安全电压供电，通过开关 SA 控制照明灯 EL 的亮灭，为车床操作区域提供照明。

五、实训步骤

1. 故障调查

（1）问题：机床发生故障后，首先应向操作者了解故障发生的前后情况，有利于根据电气设备的工作原理来分析发生故障的原因。一般询问的内容有：故障发生在开车前、开车后，还是发生在运行中；是运行中自行停车，还是发现异常情况后由操作者进行停车；发生故障时，机床在什么工作顺序，按动了哪个按钮，扳动了哪个开关；故障发生前后，设备有无异常现象（如响声、气味、冒烟或冒火等）；以前是否发生过类似的故障，是怎样处理的；等等。

（2）元件及线路查找：熔断器内熔丝是否熔断，其他电气元件有无烧坏、发热、断线，导线连接螺丝有否松动，电动机的转速是否正常。

（3）元件动态查看：电动机、变压器和有些电气元件在运行时声音是否正常，声音异常可以帮助寻找故障的部位。

（4）摸：电机、变压器和电气元件的线圈发生故障时，温度会显著上升，可切断电源后用手去触摸。

2. 电路分析

（1）根据调查结果，参考该电气设备的电气原理图进行分析，初步判断出故障产生的部位，然后逐步缩小故障范围，直至找到故障点并加以消除。

（2）分析故障时应有针对性，如接地故障一般先考虑电气柜外的电气装置，后考虑电气柜内的电气元件。对于断路和短路故障，应先考虑动作频繁的元件，后考虑其余元件。

（3）原因分析：① 先判断是主线路还是控制电路的故障：按启动按钮 SB2，接触器 KM1 若不动作，故障必定在控制电路；若接触器吸合，但主轴电动机不能启动，故障必定在主线路中。② 主线路故障：可依次检查接触器 KM1 主触点及三相电动机的接线端子等是否接触良好。③ 控制电路故障：没有电压；按钮 SB1、SB2 的触头接触不良；接触器线圈断线等。

3. 断电检查

检查前先断开机床总电源，然后根据故障可能产生的部位，逐步找出故障点。检查时应先检查电源线进线处有无碰伤而引起的电源接地、短路等现象，螺旋式熔断器的熔断指示器是否跳出，热继电器是否动作。然后检查电气外部有无损坏，连接导线有无断路、松动，绝缘有否过热或烧焦。

4. 通电检查

（1）作断电检查仍未找到故障时，可对电气设备作通电检查。

（2）在通电检查时要尽量使电动机和其所传动的机械部分脱开，将控制器和转换开关置于零位，行程开关还原到正常位置。然后用万用表检查电源电压是否正常，有否缺相或严重不平衡。再进行通电检查，检查的顺序为：先检查控制电路，后检查主电路；先检查辅助系统，后检查主传动系统；先检查交流系统，后检查直流系统；合上开关，观察各电气元件是否按要求动作，有否冒火、冒烟、熔断器熔断的现象，直至查到发生故障的部位。

5. 可能出现的故障及其原因

（1）KM 不吸合，主轴电机 M1 不启动。故障原因应在控制电路中，可依次检查熔断器

FU2，热继电器 FR1 和 FR2 的动断(常闭)触头，停止按钮 SB1、启动按钮 SB2 和接触器 KM1 的线圈是否断路。

(2) KM 吸合，主轴电机不启动。故障原因应在主电路中，可依次检查接触器 KM1 的触头，热继电器 FR1 的热元件接线端及三相电动机的接线端。

(3) 主轴不停车。故障原因多数是接触器 KM1 的铁心极面上的油污使上下铁心不能释放或 KM1 的主触头发生熔焊，或停止按钮 SB1 的动断(常闭)触头短路。应切断电源，清洁铁心极面的污垢或更换触点，即可排除故障。

(4) 主轴只能瞬时启动。原因分析：这可能是主轴电动机不能自锁导致的，当按下按钮 SB2 时，电动机能运转，但放松按钮后电动机即停转，是由于接触器 KM1 的辅助常开触头接触不良或由于位置偏移、卡阻现象引起的故障。这时只要将接触器 KM1 的辅助常开触点进行修整或更换即可排除故障。辅助常开触点的连接导线松脱或断裂也会使电动机不能自锁。

(5) 溜板块的电机不能动(刀架快速移动时电动机 M3 不能启动)。故障原因：可能是缺相、KA1 断路、电动机损坏。按点动按钮 SB3，接触器 KM3 没吸合，则故障必定在控制线路中，可用万用电表依次检查热继电器 FR1 和 FR2 的动断(常闭)触头、点动按钮 SB3 及接触器 KM3 的线圈是否断路。

(6) QF 经常跳闸。故障原因可能是短路、缺相、欠电压。

(7) 照明灯不亮。故障原因可能是 24 V 电源没有输出、FU4 断开、102♯线断开、SA 开关损坏、灯头灯泡损坏、电路断路等。

第6章 电工技能综合实训

6.1 白炽灯照明电路的安装

一、实训目的

（1）掌握所用电气器件的规格、型号、主要性能、选用、检测和使用方法。

（2）掌握一般照明灯具控制电路的安装方法。

（3）掌握电气图的读图方法，熟悉电气图形符号，掌握一般的电路设计方法。

二、实训所需电气元件明细表

实训所需电气元件明细表如表6-1所示。

表6-1 电气元件明细表

序号	名 称	型 号	数 量	备 注
1	灯泡	220 V/25 W	2	
2	螺口平灯座	3 A/～250 V	2	
3	单联开关		2	
4	双联开关		2	
5	开关盒		2	

1. 白炽灯

白炽灯结构简单，使用可靠，价格低廉，其相应的电路也简单，因而应用广泛，其主要缺点是发光效率较低，寿命较短。图6-1为不同类型白炽灯泡的外形。

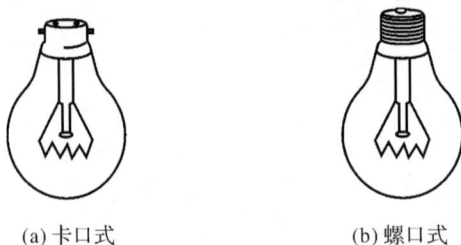

(a) 卡口式　　　　　　　　(b) 螺口式

图6-1 白炽灯泡外形

白炽灯泡由灯丝、玻壳和灯头三部分组成。其灯丝一般都是由钨丝制成的，玻壳由透明或不同颜色的玻璃制成。40 W 以下的灯泡,将玻壳内抽成真空;40 W 以上的灯泡,在玻壳内充有氩气或氮气等惰性气体,使钨丝不易挥发,以延长寿命。灯泡的灯头有卡口式和螺口式两种形式。功率超过 300 W 的灯泡,一般采用螺口式灯头,因为螺口式灯座比卡口式灯座的接触和散热要好。

2. 常用灯座

常用的灯座有卡口吊灯座、卡口式平灯座、螺口吊灯座和螺口式平灯座等,这几种灯座的外形如图 6-2 所示。

图 6-2　常用灯座示意图

3. 常用开关

开关的品种很多,常用的开关有接线开关、顶装拉线开关、防水接线开关、平开关、暗装开关等。这几种开关的外形如图 6-3 所示。

图 6-3　常用开关

三、电气原理

白炽灯的控制方式有单联开关控制和双联开关控制两种,如图 6-4 所示。

(a) 单联开关控制　　　　　　　　(b) 双联开关控制

图 6-4　白炽灯的控制方式

四、白炽灯照明电路的控制线路

白炽灯的基本控制线路如表 6-1 所示,可采用几种方式进行实训。安装照明电路必须遵循的总的原则为:火线必须进开关;开关、灯具要串联;照明电路间要并联。

表 6 - 2　白炽灯的控制线路

名称用途	接 线 图	备 注
一个单联开关控制一盏灯	电源 中性线 相线 ⊗	开关装在相线上,接入灯头中心簧片,零线接入灯头螺纹口接线柱
一个单联开关控制两盏灯	电源 中性线 相线 ⊗ ⊗	超过两盏灯按虚线延伸,但要注意开关允许容量
两个单联开关分别控制两盏灯	电源 中性线 相线 ⊗ ⊗	用于多个开关及多盏灯,可延伸接线
两个双联开关在两地,控制一盏灯	零 火 ⊗ 三根线(两火一零)	用于楼梯或走廊等两端都能开、关的场合。接线口诀:开关之间三条线,零线经过不许断,电源与灯各一边

　　实训过程中采用开关的接线方法为:先用一字螺丝刀将长方孔内的白色塑料块压住,然后将剥好的线插到开关的接线孔中,再拿开螺丝刀即可。

五、讨论题

　　(1) 为什么安装照明电路时,火线一定要通过保险盒和开关进入灯座?

　　(2) 如果实训箱线路接完后灯不亮,怎样检查线路故障?

　　提示:

　　① 断电检查。按顺序检查各导线接点是否正确与牢固,保险丝是否完好。

　　② 用测电笔或万用表检查(在教师指导下进行)。用测电笔依次测火线到灯座的接线点,看氖泡是否发光。如不发光,必有断点,再断电检查;如都发光,则零线有故障。

　　(3) 灯泡忽亮忽暗或有时熄灭,这是什么原因?

　　提示:

　　① 灯座或开关的接线松动,保险丝接触不良,应旋紧。

　　② 电源电压忽高忽低,或者附近同一线路上有大功率的用电器经常启动。

　　③ 灯丝忽接忽离(应调换灯泡)。

六、检查与调试

　　确认接线正确后,可接通交流电源自行操作。若操作中发现有不正常现象,应断开电源分析排故后重新操作。

6.2　单一日光灯照明电路的安装

一、实训目的

　　(1) 掌握所用电气器件的规格、型号、主要性能、选用、检测和使用方法。

　　(2) 掌握一般日光照明灯具控制电路的安装。

（3）掌握电气图的读图方法，熟悉电气图形符号，掌握一般的电路设计方法。

二、实训所需电气元件明细表

实训所需电气元件明细表如表 6-3 所示。

表 6-3　日光照明灯具安装实训所需电气元件明细表

序号	名　称	型　号	数量	备　注
1	日光灯灯管	10 W	1	包括灯座
2	镇流器	HLDGZHE-M13W	1	
3	启辉器	S10	1	
4	单联开关		1	
5	开关盒		1	

三、电气原理

日光灯电路原理图如图 6-5 所示。

图 6-5　日光灯电路原理图

（1）日光灯管：是一个在真空情况下充有一定数量的氩气和少量水银的玻璃管，管的内壁涂有荧光材料，两个电极用钨丝绕成，上面涂有一层加热后能发射电子的物质。管内氩气既可帮助灯管点燃，又可延长灯管寿命。

（2）镇流器：又称限流器，是一个带有铁心的电感线圈，其作用是：

① 在灯管启辉瞬间产生一个比电源电压高得多的自感电压帮助灯管启辉。

② 灯管工作时限制通过灯管的电流不致过大而烧毁灯丝。

（3）启辉器：由一个启辉管（氖泡）和一个小容量的电容组成，如图 6-6 所示。

图 6-6　启辉器示意图

氖泡内充有氖气，并装有两个电极，一个是固定的静触片，另一个是用膨胀系数不同的双金属片制成的倒"U"形可动的动触片，启辉器在电路中起自动开关作用。电容用于防止灯管启辉时对无线电接收机的干扰。

四、日光灯照明电路的控制线路

当接通电源瞬间，由于启辉器未工作，电源电压都加在启辉器内氖泡的两个电极之间。电极瞬间被击穿，管内的气体导电，使"U"形的双金属片受热膨胀伸直而与固定电极接通，这时日光灯的灯丝通过电极与电源构成一个闭合回路，如图6-7所示。灯丝因有电流(称为启动电流或预热电流)通过而发热，从而使灯丝上的氧化物发射电子。

图6-7 灯丝电流流向图

同时，启辉器两端电极接通后电极间电压为零，启辉器停止放电。由于接触电阻小，双金属片冷却，当冷却到一定程度时，双金属片恢复到原来状态，与固定片分开。

在此瞬间，回路中的电流突然断电，于是镇流器两端产生一个比电源电压高得多的感应电压，连同电源电压一起加在灯管两端，使灯管内的惰性气体电离而产生弧光放电。随着管内温度的逐步升高，水银蒸气游离并猛烈地碰撞惰性气体而放电。水银蒸气弧光放电时，辐射出紫外线，紫外线激励灯管内壁的荧光粉后发出可见光。

在正常工作时灯管两端电压较低(30 W灯管的两端电压约80 V)，灯管正常工作时的电流路径如图6-8所示。

图6-8 灯管工作原理示意图

五、讨论题

(1) 日光灯照明电路产生的一般故障有哪些？如何避免？

(2) 如何判别由灯管引起的故障？如何判别由镇流器引起的故障？如何判别由启辉器引起的故障？如何解决？

六、检查与调试

安装时，启辉器座的两个接线柱分别与两个灯座中的各一个接线柱相连接；两个灯座中余下的接线柱，一个与中线相连，另一个与镇流器的一个线端相连；镇流器的一个线端与开关的一端相连；开关的另一端与电源的相线相连。

经检查安装牢固与接线无误后，"启动"交流电源，日光灯应能正常工作。若不工作，则应分析并排除故障使日光灯能正常工作。图 6-9 为日光灯照明线路的安装、接线实训原理图。

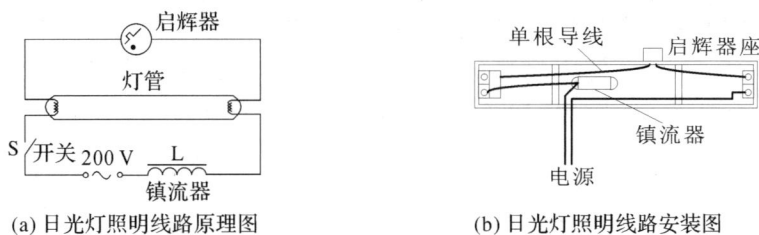

(a) 日光灯照明线路原理图　　　　(b) 日光灯照明线路安装图

图 6-9　日光灯照明线路

6.3　综合照明电路的安装

一、实训目的

（1）掌握所用电气器件的规格、型号、主要性能、选用、检测和使用方法。

（2）掌握一般照明灯具控制电路的安装。

（3）掌握电气图的读图方法，熟悉电气图形符号，掌握一般的电路设计方法。

二、实训所需电气元件明细表

实训所需电气元件明细表如表 6-4 所示。

表 6-4　综合照明电路安装实训所需电气元件明细表

序号	名　称	型　号	数量	备　注
1	直插式熔断器	RT15-20/2 A	2	
2	灯泡	220 V/25 W	1	
3	螺口平灯座	3 A　250 V～	1	
4	双联开关		2	
5	单相电源插座		1	
6	日光灯灯管	10 W	1	包括灯座
7	镇流器	HLDGZHE-M13W	1	
8	启辉器	S10	1	
9	单相电度表	DD862a/220 V(1.5～6 A)	1	
10	开关	HK2-10/2	1	
11	开关盒		3	

三、电气原理

综合照明线路的实训原理图如图 6 - 10 所示,该线路为家庭常用线路,具有一定的典型性。

图 6 - 10　综合照明线路原理图

四、综合照明电路的控制线路

综合照明电路的控制线路连接步骤如下:

(1) 把两个灯座固定在灯架左右两侧的适当位置(以灯管长度为标准),再把启辉器座安装在灯架上。

(2) 用单导线(塑料软线)连接灯座脚上的接线柱,启辉器座的另一个接线柱和灯座接线柱相连;将镇流器的任一根引出线与灯座的接线柱相连接;将电源线的中性线与灯座的接线柱连接,通过开关的相线与镇流器的另一根引线连接。

(3) 将启辉器装入启辉器座中;把灯管装在灯座上,要求接触良好。为了防止灯座松动时灯管脱落,可用白线把荧光灯绑扎在灯架上,最后再把荧光灯悬挂在预定的地方。

五、讨论题

(1) 画出图 6 - 10 电路的工作原理流程图。

(2) 列举几个照明线路应用的实例,并说明其用途。

六、检查与调试

确认接线正确后,可接通交流电源自行操作。若操作中发现有不正常现象,应断开电源分析排故后重新操作。

第二篇　电子工艺实训

第 7 章　电子设备装接技术

7.1　电子元件的识别与测试

7.1.1　电阻器、电容器、电感器的识别与测试

一、实训目的

（1）掌握电阻器、电容器、电感器的识别技能。

（2）能熟练进行电阻器、电容器、电感器的测试。

二、实训项目

电阻器、电容器识别与测试训练。

三、实训器材

（1）仪表：万用表 1 只，电容表 2 只。

（2）器件：不同型号电阻器 10 只，不同型号电位器 10 只，电容器（包括坏电容器）每种各 1 只。

四、知识概述

1. 电阻器

1）电阻器的分类

电阻器按结构形式可分为一般电阻器、片形电阻器、可变电阻器（电位器）；按材料可分为合金型、薄膜型和合成型。

另外，还有敏感电阻，也称为半导体电阻，有热敏、压敏、光敏、温敏等不同类型电阻，其广泛应用于检测技术和自动控制等领域。各种电阻器外形如图 7 - 1 所示。

图 7 - 1　各种电阻器外形图

2) 电阻器的主要技术指标

（1）额定功率：电阻器在电路中长时间连续工作不损坏或不显著改变其性能所允许消耗的最大功率，称为电阻器的额定功率。

（2）阻值和偏差：电阻器的标称值和偏差都标注在电阻体上，其标志方法有直标法、文字符号法和色标法，见表 7－1。

表 7－1　电阻值标志方法及特点

标志方法	特　　点
直标法	用阿拉伯数字和单位符号在电阻器表面直接标出标称电阻值，其允许偏差直接用百分数表示
文字符号法	用阿拉伯数字和文字符号两者有规律的组合来表示标称阻值和允许偏差
色标法	小功率电阻多使用色标法，特别是 0.5 W 以下的碳膜和金属膜电阻

色标法是将电阻的类别及主要技术参数的数值用颜色（色环或色点）标注在它的外表面上。色标电阻（色环电阻）可采用三环、四环、五环三种标法。三环色标电阻：标示标称电阻值（精度均为±20％）。四环色标电阻：标示标称电阻值及精度。五环色标电阻：标示标称电阻值（三位有效数字）及精度。电阻色环含义如图 7－2 所示。

(a) 四环色标

(b) 五环色标

图 7－2　电阻色环含义

色标法各种颜色所代表的数字或意义如表 7－2 所示。

快速识别色环电阻的要点是熟记色环所代表的数字含义，为方便记忆，色环代表的数值口诀如下：

1 棕 2 红 3 为橙，4 黄 5 绿在其中，

6 蓝 7 紫随后到，8 灰 9 白黑为 0，

尾环金银为误差，数字应为 5 和 10。

表 7-2　色　标　法

色　别	第一环	第二环	第三环	第四环	第五环
	第一位数	第二位数	第三位数	应乘倍率	精度等级
银	—	—	—	10^{-2}	K=±10%
金	—	—	—	10^{-1}	J=±5%
黑	0	0	0	10^0	K=±10%
棕	1	1	1	10^1	F=±1%
红	2	2	2	10^2	G=±2%
橙	3	3	3	10^3	
黄	4	4	4	10^4	
绿	5	5	5	10^5	D=±0.5%
蓝	6	6	6	10^6	C=±0.25%
紫	7	7	7	10^7	B=±0.1%
灰	8	8	8	10^8	
白	9	9	9	10^9	+5%，-20%

　　色环电阻无论是采用三色环，还是四色环、五色环，关键色环是第三环或第四环（即尾环），因为该色环的颜色代表电阻值有效数字的倍率。想快速识别色环电阻，关键在于根据第三环（三环电阻、四环电阻）、第四环（五环电阻）的颜色把阻值确定在某一数量级范围内，再将前两环读出的数"代"进去，这样可很快读出电阻值来。

　　三色环电阻的色环表示标称电阻值（允许误差均为±20%）。例如，色环为棕黑红，表示 $10×10^2 \Omega=1.0$ kΩ±20%的电阻。四色环电阻的色环表示标称值（两位有效数字）及精度。例如，色环为棕绿橙金，表示 $15×10^3 \Omega=15$ kΩ±5%的电阻。五色环电阻的色环表示标称值（三位有效数字）及精度。例如，色环为红紫绿黄棕，表示 $275×10^4 \Omega=2.75$ MΩ±1%的电阻。

　　一般四色环和五色环电阻表示允许误差的色环的特点是该色环与其他环的距离较远，较标准的表示应是表示允许误差的色环的宽度是其他色环的 1.5～2 倍。在五环电阻中棕色环常常既用作误差环又作为有效数字环，且常常在第一环和最后一环中同时出现，使人很难识别哪一个是第一环，哪一个是误差环。在实践中，可以按照色环之间的距离加以判别，通常第四环和第五环（即误差环和尾环）之间的距离要比第一环和第二环之间的距离宽一些，根据此特点可判定色环的排列顺序。如果靠色环间距仍无法判定色环顺序，还可以利用电阻的生产序列值加以判别。

　　3）电位器

　　电位器是一种可调电阻器，对外有三个引出端，其中两个为固定端，一个为滑动端（也称中心抽头）。滑动端在两个固定端之间的电阻体上作机械运动，使其与固定端之间的电阻发生变化。其外形如图 7-3 所示。

图 7-3　电位器

4) 电阻器、电位器的测量与质量判别

基本操作步骤描述：测量电阻器→测量热敏电阻器→测量电位器→整理现场。

电阻器的测量和质量判别通常用万用表电阻挡实现。测量时手指不要触碰被测固定电阻器的两根引出线，避免人体电阻影响测量精度。测量方法如图 7-4 所示，热敏电阻器检测时，在常温下用万用表 R×1 挡来测量。正常时测量值应与其标称阻值相同或接近（误差在±2 Ω），用已加热的电烙铁靠近热敏电阻器，并测量其电阻值，正常时电阻值应随温度上升而增大。

图 7-4　电阻器的测量

电阻器的电阻体或引线折断以及烧焦等可以从外观上看出。电阻器内部损坏或阻值变化较大，可用万用表欧姆挡测量核对。若电阻内部或引线有缺陷，以致接触不良时，用手轻轻地摇动引线，可以发现松动现象，用万用表测量时，指针指示不稳定。

电位器的测量和质量判别方法如下：

(1) 从外观上识别电位器，如图 7-5 所示。首先要检查引出端是否松动；转动旋柄时应感觉平滑，不应有过紧或过松现象；检查开关是否灵活，开关通断时"咯哒"声是否清脆；此外，听一听电位器内部接触点和电阻体摩擦的声音，如有"沙沙"声，说明质量不好。

1—焊片 1；2—焊片 2；3—焊片 3；4—接地焊片。

图 7-5　电位器的外观

（2）测量电位器阻值时，用万用表合适的电阻挡测量电位器两定片之间的阻值，其读数应为电位器的标称阻值。如果测量时万用表指针不动或阻值与标称阻值相差很多，则表明该电位器已损坏。

（3）检查电位器的动片与电阻体的接触是否良好。用万用表表笔接电位器的动片和任一定片，并反复、缓慢地旋转电位器的旋钮，观察万用表的指针是否连续、均匀地变化，其阻值应在零到标称阻值之间连续变化。如万用表指针平稳移动而无跌落、跳跃或抖动等现象，说明电位器正常；如果变化不连续（指跳动）或变化过程中电阻值不稳定，说明电位器接触不良。电位器的测量如图 7 - 6 所示。

图 7 - 6　电位器的测量

（4）检查电位器各引脚与外壳及旋转轴之间的绝缘电阻值，正常情况下阻值应为无穷大（∞），若不为无穷大则说明有漏电现象。

2. 电容器

电容器的外形如图 7 - 7 所示。

图 7 - 7　常见电容器的外形图

1）电容器的主要参数

（1）电容器的标称容量和偏差：不同材料制造的电容器，其标称容量系列也不一样。一般电容器的标称容量系列与电阻器的系列相同，即 E24、E12、E6 系列，分别适用于允许误差范围为±5%、±10%、±20%的电容。

电容器的标称容量和偏差一般标在电容体上,其标识方法常采用直标法、数码表示法和色码表示法。色码表示法与电阻器的色环表示法类似,颜色涂于电容器的一端或从顶端向引线排列。色码一般只有三种颜色,前两环为有效数字,第三环为倍率,单位为 pF。

(2) 电容器的额定直流工作电压:在线路中能够长期可靠地工作而不被击穿时所能承受的最大直流电压(又称耐压),称为电容器的额定直流电压,它的大小与介质的种类和厚度有关。

2) 电容器的测试

基本操作步骤描述:测量固定电容器→判别电容器的容量→电解电容器极性判别→整理现场。

通常用万用表的欧姆挡来判别电容器的性能、容量、极性及好坏等。要合理选用万用表的量程,5000 pF 以下的电容应选用电容表测量。

(1) 固定电容器的检测。

① 检测容量为 6800 pF~1 μF 的电容器时,采用万用表的 R×10k 挡,红、黑表笔分别接电容器的两根引脚,在表笔接通的瞬间应能看到表针有很小的摆动。若未看清表针的摆动,可将红、黑表笔互换一次再测,此时表针的摆动幅度应略大一些,根据表针摆动情况判断电容器质量。检测示意图如图 7-8 所示。

图 7-8 固定电容器的检测

接通瞬间,表针摆动,然后返回至"∞",说明电容器良好,且摆幅越大,容量越大。

接通瞬间,表针不摆动,表明失效或断路。

表针摆幅很大,且停在那里不动,表明电容器已击穿(短路)或严重漏电。

表针摆动正常,不能返回至"∞",表明有漏电现象。

② 检测容量小于 6800 pF 的电容器时,由于容量太小,用万用表电阻挡检测时无法看到表针摆动,此时只能检测电容器是否漏电和击穿,不能检测是否存在开路或失效故障。检测容量小于 6800 pF 的电容器时,可借助一个外加直流电压,把万用表调到相应直流电压挡,黑表笔接直流电源负极,红表笔串接被测电容器后接电源正极,根据指针摆动情况判别电容器质量。

(2) 电解电容器的检测。

① 选择欧姆挡来识别或估测(已失去标志)电解电容器的容量。低于 10 μF 选用 R×10k

挡，10～100 μF 选用 R×1k 挡，大于 100 μF 选用 R×100 挡。估测前要先把电容器的两引脚短路，以便放掉电容器内残余电荷。

② 将万用表的黑表笔接电解电容器的正极，红表笔接负极，检测其正向电阻。表针先向右作大幅摆动，然后再慢慢回到∞的位置。检测示意图如图 7－9 所示。

图 7－9 电解电容器的检测

③ 再次将电容器两引脚短路后，将黑表笔接电解电容器的负极，红表笔接正极，检测反向电阻。表针先向右摆动，再慢慢返回，但一般不能回到无穷大的位置。检测过程中如与上述情况不符，则说明电容器已损坏。

上述检测方法还可以用来鉴别电容器的正负极。对失掉正负极标志的电解电容器，可先用万用表两表笔进行一次检测，同时观察并记住表针向右摆动的幅度，然后两表笔对调再进行检测。哪一次检测中，表针最后停留的摆幅较小，该次万用表黑表笔接触的引脚为正极，另一脚为负极。

3．电感器

1）电感器的分类

电感的种类很多，分类标准也不一样。通常按电感量变化情况分为固定电感器、可变电感器、微调电感器等；按电感器线圈内介质不同分为空心电感器、铁心电感器、磁心电感器、铜心电感器等；按绕制特点分为单层电感器、多层电感器、蜂房电感器等。常见的部分电感器外形如图 7－10 所示。

图 7－10 常见电感器的外形图

2）电感器的标识方法

电感器的标识方法与电阻器、电容器的标识方法相同，有直标法、文字符号法和色标法。

3）电感器的参数

（1）电感量 L：线圈的电感量 L 也称自感系数或自感，是表示线圈产生自感能力的一个物理量。其单位为亨（H），另有毫亨（mH）和微亨（pH）等。

（2）品质因数 Q：线圈的品质因数也称优质因数，是表示线圈质量的一个物理量。它是指线圈在某一频率 f 的交流电压下工作时所呈现的感抗（ωL）与等效损耗电阻 $R_{等效}$ 之比，即

$$Q = \frac{\omega L}{R_{等效}} = \frac{2\pi f L}{R_{等效}}$$

电压频率较低时，可认为 $R_{等效}$ 等于线圈的直流电阻；电压频率较高时，$R_{等效}$ 应为包括各种损耗在内的总等效电阻。

（3）分布电容：线圈的匝与匝间，线圈与屏蔽罩间（有屏蔽罩时），线圈与磁心、底板间存在的电容均称为分布电容。分布电容的存在使线圈 Q 值减小，稳定性变差，因而线圈的分布电容越小越好。

4）电感器的质量鉴别

基本操作步骤描述：选好万用表的挡位→测量电感器的线圈电阻→判断质量好坏→整理现场。

电感线圈一般质量的鉴别：用万用表测量线圈电阻，可大致判别其质量好坏。一般电感线圈的直流电阻很小（为零点几欧到几十欧），低频扼流圈线圈的直流电阻也只有几百至几千欧。

当被测线圈的电阻值为无穷大时，表明线圈内部或引出端已断路；当被测线圈的电阻值远小于正常值或接近零时，表明线圈局部短路。

对于 Q 值的推断和估算：

（1）线圈的电感量相同时，直流电阻越小，其 Q 值越高，即所用的直径越大，Q 值越大。

（2）若采用多股线绕制线圈，导线的股数越多（一般不超过 13 股），其 Q 值越大。

（3）线圈骨架（或铁心）所用材料的损耗越小，其 Q 值越大。

（4）线圈的分布电容和漏磁越小，其 Q 值越大。

（5）线圈无屏蔽罩、安装位置周围无金属构件时，其 Q 值较大；屏蔽层或金属构架离线圈越近，其 Q 值降低得越多。对于低频电感线圈，可以利用估算法确定 Q 值：$Q = \frac{\omega L}{R}$。

五、实训内容和步骤

1. 电阻的识别

（1）做色环电阻板若干块，每块可放置不同的色环电阻 20 只，由学生注明该色环电阻的阻值，并互相交换，反复练习提高识别速度和准确性。

（2）做标识具体阻值的电阻板若干块，每块放置不同阻值的电阻 20 只，由学生注明该电阻的色环和分类，并相互交换，反复练习。

2．用万用表测量电阻

选用无色环、无数值标识的不同阻值的电阻若干个，用万用表测量阻值，要求测量快速、准确，区分正确。

3．用万用表测量电位器

（1）测量两固定端的阻值。

（2）测中间滑动片与固定端间的电阻值，旋转电位器，观察其阻值变化情况。

将识别与测量的结果填入表 7 - 3 中。

表 7 - 3　电阻器、电位器识别及测量

由色环写出具体阻值				由具体阻值写出色环			
色环	阻值	色环	阻值	阻值	色环	阻值	色环
棕黑黑		棕黑红		0.5 Ω		2.7 kΩ	
红黄黑		紫棕棕		1 Ω		3 kΩ	
橙橙黑		橙黑绿		36 Ω		5.6 kΩ	
黄紫橙		蓝灰橙		220 Ω		6.8 kΩ	
灰红红		红紫黄		470 Ω		8.2 kΩ	
白棕黄		紫绿棕		750 Ω		24 kΩ	
黄紫棕		棕黑橙		1 kΩ		39 kΩ	
橙黑棕		橙橙橙		1.2 kΩ		47 kΩ	
紫绿红		红红红		1.8 kΩ		100 kΩ	
白棕棕				2 kΩ		150 kΩ	
1 min 内读出色环电阻值				注：20 分满分，每错 1 个扣 2 分			
3 min 内测量无标识电阻数				注：20 分满分，每错 1 个扣 2 分			
电位器测量	固定端阻值		型号及含义		质量好坏		

4．电容器的识别测试

先在若干个电容器中除去不能使用的电容器（短路和断路的电容器），接着测量完好的电容器确定它们的漏电电阻大小，并判别哪些是电解电容器。自行绘制表格，进行记录。

六、评分标准

成绩评分标准如表 7 - 4 所示。

表 7 - 4　成绩评分标准

序号	项目内容	评 分 标 准		配分	扣分	得分
1	电阻器的识别与测量	(1) 10 min 内读出电阻器色环电阻值,满分20分,每错1个扣2分 (2) 3 min 内测量无标识电阻值,满分20分,每错1个扣2分		40		
2	电位器的识别与测量	(1) 不会判别好坏扣2分 (2) 不会识别每只扣1分		30		
3	电容器的识别与测量	(1) 不会判别好坏扣8分 (2) 不会识别扣7分		30		
4	工时	1h				
5	备注	不允许超时	合计			
		教师签字			年　月　日	

7.1.2　半导体器件的识别与测试

一、实训目的

(1) 掌握二极管、三极管的检测方法。

(2) 熟悉其他半导体器件的检测方法。

二、实训项目

半导体器件的识别与测试训练

三、实训器材

(1) 仪表:万用表1只。

(2) 器件:有或无标记的好、坏晶体二极管各5只,有或无标记的好、坏三极管各5只。

四、知识概述

1. 晶体二极管的简易测试

常用的晶体二极管有 2AP、2CP、2CZ 系列。2AP 系列主要用于检波和小电流整流;2CP 系列主要用于较小功率的整流;2CZ 系列主要用于大功率整流。

一般在二极管的管壳上注有极性标记,若无标记,可利用二极管正向电阻小、反向电阻大的特点来判别其极性,同时也可利用这一特点判断二极管的好坏。

基本操作步骤描述:选好万用表的挡位→测量二极管的正向电阻→测量二极管的反向电阻→判别极性及质量好坏→整理现场。

1) 二极管的检测

（1）直观识别二极管的极性。二极管的正、负极都标在外壳上，如图 7-11 所示。其标注形式有的是电路符号，有的用色点或标志环来表示，有的借助二极管的外形特征来识别。

图 7-11 二极管的外形图

（2）用万用表的 R×100 或 R×1k 挡判别二极管的极性，要注意调零。检测小功率二极管的正、反向电阻，不宜使用 R×1 或 R×10k 挡，前者流过二极管的正向电流较大，可能烧坏管子；后者加在二极管两端的反向电压太高，易将管子击穿。

（3）用红、黑表笔同时接触二极管两极的引线，然后对调表笔重新测量，检测示意图如图 7-12 所示。在所测阻值小的那次测量中，黑表笔所接的是二极管的正极，红表笔所接的是二极管的负极。

图 7-12 二极管的检测

晶体二极管正、反向电阻相差越大越好。两者相差越大，表明二极管的单向导电特性越好；如果二极管的正、反向电阻值很相近，表明管子已坏。若正、反向电阻值都很大，则说明管子内部已断路，不能使用。

2) 稳压二极管的检测

（1）稳压二极管极性的识别：用万用表 R×1 挡测出二极管的正、负引脚。稳压二极管在反向击穿前的导电特性与一般二极管相似，因而可以通过检测正、反向电阻的方法来判别极性。

（2）稳压二极管与普通二极管的区别：将万用表拨至 R×10k 挡，黑表笔接二极管的负极，红表笔接二极管的正极，若此时测得的反向电阻值变得很小，说明该管为稳压二极管；反之，测得的反向电阻仍然很大，说明该管为普通二极管。

2. 晶体三极管的简易测试

基本操作步骤描述：外形判别→选好万用表的挡位→判别极性→判别管型→判别性能

质量好坏→整理现场。

1）三极管的管型和基极判别

（1）根据管子的外形粗略判别出管型。目前市场上的小功率金属外壳三极管，NPN 管的高度比 PNP 管低得多，且有一突出的标志。塑封小功率三极管多为 NPN 管，如图 7-13 所示。

图 7-13　塑封小功率三极管

（2）将万用表拨到 R×100（或 R×1k）挡，先找基极。用黑表笔接触三极管的一根引脚，红表笔分别接触另外两根引脚，测得一组（两个）电阻值；黑表笔依次换接三极管其余两根引脚，重复上述操作，再测得两组电阻值，如图 7-14 所示。将测得的电阻值进行比较，当某一组中的两个电阻值基本相同时，黑表笔所接的引脚为三极管的基极。若该组两个电阻值为三组中最小，则说明被测管为 NPN 型；若该组两个电阻值为三组中最大，则说明被测管为 PNP 型。

图 7-14　三极管基极和管型的判别

2）三极管集电极和发射极的判别

（1）对于 NPN 型三极管，在判断出管型和基极 b 的基础上，将万用表拨到 R×1k 挡，用黑、红表笔接基极之外的两根引脚，再用手同时捏住黑表笔接的电极与基极（手相当于一个电阻器），注意不要使两表笔相碰，此时注意观察万用表指针向右摆动的幅度。然后，将红黑表笔对调，重复上述步骤，如图 7-15 所示。比较两次检测中指针向右摆动的幅度，以摆动幅度大的为准，黑表笔接的是集电极，红表笔接的是发射极。

图 7-15　三极管集电极和发射极的判别

（2）对于 PNP 型三极管，将万用表拨到 R×100 或 R×1k 挡，将黑、红表笔接基极之外的两根引脚，再用手同时捏住红表笔接的电极与基极（手相当于一个电阻器），注意不要使两表笔相碰，此时注意观察万用表指针向右摆动的幅度。然后，将红黑表笔对调，重复上述步骤。比较两次检测中指针向右摆动的幅度，以摆动幅度大的为准，黑表笔接的是发射极，红表笔接的是集电极。

3）硅、锗管的判别

用万用表 R×1k 挡测量三极管发射结的正向电阻大小（对 NPN 型管，黑表笔接基极，红表笔接发射极；对 PNP 型管，则与 NPN 型管接法相反）。若测得阻值在 3～10 kΩ，说明是硅管，若为 500～1000 Ω，说明是锗管。目前市场上锗管大多为 PNP 型，硅管多为 NPN 型。

4）三极管的性能检测

（1）估测 NPN 管的穿透电流 I_{ceo}。用万用表电阻量程 R×100 或 R×1k 挡测量集电极、发射极的反向电阻，如图 7-16(a)所示，测得的电阻值越大，说明 I_{ceo} 越小，则晶体管稳定性越好。一般硅管比锗管阻值大，高频管比低频管阻值大，小功率管比大功率管阻值大。

（2）共射极电流放大系数 β 的估测。若万用表有测 β 的功能，可直接测量读数；若没有测 β 的功能，可以在基极与集电极间接入一只 100 kΩ 的电阻，如图 7-16(b)所示。此时，集电极与发射极反向电阻较图 7-16(a)所示的更小，即万用表指针偏摆大，指针偏摆幅度越大，则 β 值越大。

(a) 测穿透电流　　　　　　　　　(b) 测共射极电流放大系数

图 7-16　三极管性能值的检测

（3）晶体三极管的稳定性能判别。在判断 I_{ceo} 时，用手捏住管子，如图 7-17 所示，受人体温度影响，集电极与发射极反向电阻将有所减小。若指针偏摆幅度较大，或者说反向电阻值迅速减小，则管子的稳定性较差。

图 7-17 三极管稳定性的判别

3. 晶闸管与单极管的检测

基本操作步骤描述：选好万用表的挡位→判别极性→判别管型→判别性能和质量好坏→整理现场。

1）晶闸管的检测

（1）将万用表转换开关置于 R×1k 挡，测量阳极与阴极之间、阳极与控制极之间的正、反电阻，正常时电阻值很大（几百千欧以上）。

（2）将万用表转换开关置于 R×1 或 R×10 挡，测出控制极对阴极的正向电阻，一般应为几欧至几百欧，反向电阻比正向电阻要大一些。若反向电阻为几欧，不能说明控制极与阴极间短路，若大于几千欧，则说明控制极与阴极间断路。

（3）将万用表转换开关置于 R×100 或 R×10 挡，黑表笔接 A 极，红表笔接 K 极，在黑表笔保持与 A 极相接的情况下，同时与 G 极接触，这样就给 G 极加上一触发电压，可看到万用表上的电阻值明显变小，这说明晶闸管因触发而导通。在保持黑表笔和 A 极相接的情况下，断开与 G 极的接触，若晶闸管仍导通，则说明晶闸管是正常的；若不导通，则一般可说明晶闸管损坏。

根据以上测量方法可以判别出阳极、阴极与控制极，即一旦测出两引脚间呈低阻状态，此时，黑表笔所接的为 G 极，红表笔所接的为 K 极，另一端为 A 极。

2）单结管的检测

（1）首先判别发射极：将万用表置于 R×100 挡，将红、黑表笔分别接单结晶体管任意两极引脚，测读其电阻；接着对调红、黑表笔，测读电阻。若第一次测得的电阻值小，第二次测得的电阻值大，说明第一次测试时黑表笔所接的引脚为 e 极，红表笔所接引脚为 b 极，另一引脚也是 b 极。e 极对另一个 b 极的测试方法同上。若两次测得的电阻值都一样，约为 2~10 kΩ，那么，这两根引脚都为 b 极，另一根引脚为 e 极。

（2）确定 b1 极和 b2 极：将万用表置于 R×100 挡，测量 e 极对 b1 极的正向电阻和 e 极对 b2 极的正向电阻，正向电阻稍大一些的是 e 极对 b1 极；正向电阻稍小一些的是 e 极对 b2 极。

4. 三端稳压器的测量

固定式三端稳压器有输入端、输出端和公共端三个引出端。此类稳压器属于串联调整式，除了基准、取样、比较放大和调整等环节外，还有较完整的保护电路。常用的CW78××系列是正电压输出，CW79××系列是负电压输出。根据国家标准，其型号意义如下：

```
            C W  78(79)  L  × ×
国家标准 ─┘ │   │      │    └── 用数字表示输出电压值
稳压器 ──────┘   │      └─────── 输出电流: L为0.1 A, M为0.5 A,
                │                        无字母为1 A
                │       78: 输出固定正电压
                └───────79: 输出固定负电压
```

CW78××系列和 CW79××系列稳压器的引脚功能有较大的差异，在使用时必须要注意。

三端集成稳压器输出电压一般分为 5 V、6 V、9 V、12 V、15 V、18 V、20 V、24 V等；输出电流一般分为 0.1 A、0.5 A、1 A、2 A、5 A、10 A 等。三端集成稳压器输出电流字母表示法见表 7－5。常见的固定式三端集成稳压器外形如图 7－18 所示，引脚排列如图7－19所示。

表 7－5　三端集成稳压器输出电流字母表

字母表示	L	M	（无字）	S	H	P
输出电流/A	0.1	0.5	1	2	5	10

图 7－18　固定式三端集成稳压器外形

图 7－19　三端集成稳压器引脚排列

基本操作步骤描述：选好万用表的挡位→判别极性→判别管型→判别性能质量好坏→整理现场。

（1）选好万用表的挡位。万用表拨至 R×1k 挡并校零。

（2）三根引脚的识别。先假设被测管是三根引脚的稳压二极管，然后将万用表拨至R×1k挡，用黑表笔任接一根引脚，红表笔分别接另两根引脚，测得第一组两个电阻值；黑表笔再换一根引脚用同样的方法测得第二组两个电阻值，再重复此法，获得第三组两个电阻值。在三组数值中，若有一组中的两个电阻值十分接近且为最小，则黑表笔所接的引脚为假设的三端集成稳压器的③脚。

（3）三端集成稳压器与三极管的区别：在找到③脚后，将万用表换到 R×10k 挡，用红表笔接刚测出的③脚，黑表笔依次接触其余两脚，若测得的阻值变得很小，而且比较对称，说明被测的是三根引脚的三端集成稳压器。与此相反，若测得两阻值虽然较小，但不对称，说明该管为三极管。

五、实训内容和步骤

（1）首先测试有标记的晶体二极管的极性、性能及好坏，然后测试有标记的三极管的管型、引脚、性能及好坏，将上述测试结果与实际标记相对照。

（2）测试无标记的晶体二极管的极性、性能和好坏，再测试无标记的晶体三极管的管型、引脚、性能和好坏。

训练完毕，根据测试的情况写出训练报告。

六、评分标准

成绩评分标准见表 7-6。

表 7-6　成绩评分标准

序号	项目内容	评 分 标 准	配分	扣分	得分
1	二极管的识别与测试	不会判别引脚极性及质量好坏，扣 25 分 不会识别二极管外形特征，扣 25 分	50		
2	三极管的识别与测试	不会判别引脚极性及质量好坏，扣 25 分 不会识别三极管外形特征，扣 25 分	50		
3	时间	1 h(不允许超时)			
4	备注	合　　计			
		教师签字		年　月　日	

7.2　电子焊接基本操作

一、实训目的

（1）掌握电子焊接工具的使用方法。

（2）熟练进行各种电子器件的焊接。

二、实训项目

焊接基本功训练。

三、实训器材

（1）工具：20 W 电烙铁，1 把；150 mm 尖嘴钳，1 把；150 mm 斜口钳，1 把；镊子 1 只。

（2）材料：含有 50 个空心铆钉的板子 2 块；含有 100 个孔的印制电路板 2 块；单股及多股铜导线若干；各种焊接片、绝缘套管若干。

四、知识概述

1. 常用电子焊接工具及其使用

1）电烙铁的分类

常用的电烙铁有外热式、内热式、恒温式和吸锡式几种，如图 7-20 所示，它们都是利用电流的热效应进行焊接工作的。

(a) 外热式电烙铁　　　　　　(b) 吸锡电烙铁

(c) 恒温电烙铁

图 7-20　常用电烙铁

外热式电烙铁由烙铁头、烙铁芯、外壳、木柄、电源引线、插头等部分组成。烙铁头安装在烙铁芯里面，所以称为外热式电烙铁。常用的外热式电烙铁规格有 25 W、45 W、75 W 和 100 W 等。烙铁芯的阻值不同，其功率也不相同。25 W 电烙铁烙铁芯的阻值为 2 kΩ。可以用万用表欧姆挡初步判别电烙铁的好坏及功率的大小。

吸锡电烙铁是将活塞式吸锡器与电烙铁融为一体的拆焊工具。它具有使用方便、灵活、适用范围宽等特点，但不足之处是每次只能对一个焊点进行拆焊。

恒温电烙铁是在烙铁头内装有磁铁式的温度控制器，通过控制通电时间而实现温控。

2）电烙铁的选用

选用电烙铁时应考虑以下几个方面：

（1）焊接集成电路、晶体管及其他受热易损元器件时，应选用 20 W 内热式或 25 W 外热式电烙铁。

（2）焊接导线及同轴电缆时，应选用 45～75 W 外热式电烙铁或 50 W 内热式电烙铁。

（3）焊接较大的元器件时，如大电解电容器的引脚、金属底盘接地焊片等，应选用 100 W 以上的电烙铁。

3）电烙铁的使用

使用电烙铁前应进行检查。用万用表检查电源线有无短路、断路，电烙铁是否漏电，电源线的装接是否牢固，螺钉是否松动，手柄电源线是否被顶紧，电源线套管有无破损。

新烙铁在使用前必须进行处理。首先将烙头锉成所需的形状，然后接上电源，当烙铁头温度升至可熔化焊锡时，将松香涂在烙铁头上，再涂上一层焊锡，直至烙铁头的刃面挂上一层锡，便可使用。

电烙铁不使用时，不要长期通电，以防损坏电烙铁。

电烙铁在焊接时，最好使用松香焊剂，以保护烙铁头不被腐蚀。电烙铁应放在烙铁架上，轻拿轻放，不要将烙铁上的焊锡乱甩。

更换烙铁芯时要注意引线不要接错，以防发生触电事故。

4) 其他常用电子焊接工具

常用电子焊接工具除了电烙铁以外，还有旋具、钢丝钳、尖嘴钳、平嘴钳、斜口钳、镊子等。另外，剥线钳、平头钳、钢板尺、卷尺、扳手、小刀、锥子、针头等也是经常用到的工具，如图 7 - 21 所示。

(a) 平嘴钳　　　　　　(b) 钢丝钳　　　　　　(c) 尖嘴镊子

(d) 旋具　　　　　　(e) 剥线钳和剪刀

图 7 - 21　其他常用电子焊接工具

平嘴钳的钳口平直，可用于夹弯元器件引脚与导线。

电工钢丝钳由钳头和钳柄两部分组成。钳头由钳口、齿口、刀口和铡口四部分组成。钢丝钳可用来加工成型较粗、较硬的导线，也可作为剪切工具使用。

镊子分尖嘴镊子和圆嘴镊子两种。尖嘴镊子用于夹持较细的导线，以便装配焊接；圆嘴镊子用于弯曲元器件引线和夹持元器件焊接(有利于散热)等。使用时要经常修整镊子的尖端，保持对正吻合；用镊子时用力要轻，避免划伤手部。

旋具又称为旋凿或起子，它是紧固或拆卸螺钉的工具，有木质柄、透明塑料、葫芦形橡胶手柄等。一字形旋具常用规格有 50 mm、100 mm、150 mm 和 200 mm 等，电工必备的是 50 mm 和 150 mm 两种；十字形旋具专供紧固和拆卸十字槽的螺钉，常用的规格有 Ⅰ、Ⅱ、Ⅲ、Ⅳ四种。

2. 焊接材料

1) 焊料

焊料是指在焊接中起连接作用的金属材料，它的熔点比被焊物的熔点低，而且易于与被焊物连为一体。焊料按组成成分划分，有锡铅焊料、银焊料、铜焊料。熔点在 450℃ 以上的称为硬焊料；熔点在 450 ℃ 以下的称为软焊料。

在电子产品装配中，一般都选用锡铅系列焊料，也称焊锡，其形状有圆片、带状、球状、焊丝等几种。焊锡在 180 ℃ 时便可熔化，使用 25 W 外热式或 20 W 内热式电烙铁便可以进行焊接。它具有一定的机械强度，导电性能、抗腐蚀性能良好，对元器件引线和其他导线的附着力强，不易脱落。常用的锡铅焊料是焊锡丝，其内部夹有固体焊剂松香，如图 7-22(a)所示。焊锡丝的直径有 4 mm、3 mm、2 mm、1.5 mm 等规格。

2）焊剂

电子线路中的焊接通常采用松香或松香酒精焊剂，如图 7-22(b)所示。松香酒精焊剂的优点是没有腐蚀性，具有高绝缘性和长期的稳定性及耐湿性。

焊剂用于去除焊件表面的氧化物和杂质，同时也能防止焊件在加热过程中被氧化以及把热量从烙铁头快速传递到被焊物上，使预热的速度加快。

(a)焊锡丝　　　　　　　　　　　　　　　　　(b)松香

图 7-22　焊接材料

3. 焊接工艺

1）焊接的技术要求

焊接的质量直接影响整机产品的可靠性与质量。因此，在锡焊时必须做到以下几点：

（1）焊点的机械强度要满足需要。为了保证足够的机械强度，一般采用把被焊元器件的引线端子打弯后再焊接的方法，但不能用过多的焊料堆积，防止造成虚焊或焊点之间短路。

（2）焊接可靠，保证导电性能良好。为保证有良好的导电性能，必须防止虚焊。

（3）焊点表面要光滑、清洁，为使焊点美观、光滑、整齐，不但要有熟练的焊接技能，而且要选择合适的焊料和焊剂，否则将出现表面粗糙、拉尖、棱角现象。烙铁的温度也要保持适当。

2）焊接方法及步骤

基本操作步骤描述：焊接前的准备→清除元件氧化层并搪锡→焊接→检查→整理现场。

焊接方法及步骤见表 7-7。

表 7-7　焊接方法及步骤

工序名称	操作方法及步骤	备注
焊接前的准备	元器件引线加工成型：元器件在印制板上的排列和安装方式有两种，一种是立式，另一种是卧式。引线的跨距应根据尺寸优选 2.5 的倍数	加工时，注意不要将引线齐根弯折，并用工具保护引线的根部，以免损坏元器件
	元器件引线表面会产生一层氧化膜，影响焊接。要先清除氧化层再搪锡（镀锡）	除少数有银、金镀层的引线外，大部分元器件引脚在焊接前必须搪锡
焊接	准备：焊接前的准备工作是检查电烙铁，电烙铁要良好接地，而且导线无破损，连接牢固。烙铁头要保持清洁，能够挂锡并使电烙铁通电加热	焊接具体操作的五步法：准备、加热、送锡、撤锡、撤离电烙铁。对于小热容量焊件而言，整个焊接过程不超过 2~4 s
	加热：加热是指加热被焊件引线及焊盘。加热时要保证元器件引线及焊盘同时加热，同时达到焊接温度	电烙铁头加热要沿 45°方向紧贴元器件引线并与焊盘紧密接触
	送锡：送焊锡丝是控制焊点大小的关键一步，送锡过程要观察焊点的形成过程，控制送锡量	注意：焊锡丝应从烙铁的对侧加入，而不是直接加在烙铁头上
	撤锡：当焊盘上形成适中的焊点后，要将焊锡丝及时撤离	撤离时速度要快
	撤离电烙铁：撤离电烙铁要先慢后快，否则焊点收缩不到位容易形成拉尖	撤离方向也要与焊盘成 45°夹角

工序 名称	操作方法及步骤	备　注
焊接操作手法	 (a) 不正确 (b) 正确 采用正确的加热方法：根据焊件形状选用不同的烙铁头，尽量要让烙铁头与焊件形成面接触而不是点接触或线接触，这样能大大提高效率	不要用烙铁头对焊件加力，这样会加速烙铁头的损耗和造成元件损坏
	 烙铁头 焊锡 工件 焊锡挂在烙铁头上 烙铁头吸除焊锡 烙铁头上不挂锡 采用正确的撤离烙铁方式，烙铁撤离要及时。 （1）一般烙铁轴向 45°撤离为宜。 （2）向上撤离易造成拉尖。 （3）水平方向撤离，焊锡挂在烙铁头上。 （4）垂直向下撤离，烙铁头吸除焊锡。 （5）垂直向上撤离，烙铁头上不挂锡	加热要靠焊锡桥，就是靠烙铁上保留少量焊锡作为加热时烙铁头与焊件之间传热的桥梁，但作为焊锡桥的锡保留量不可过多
	  焊锡量要合适。焊锡量过多容易造成焊点上焊锡堆积并容易造成短路，且浪费材料；焊锡量过少容易焊接不牢，使焊件脱落	焊锡凝固前不要使焊件移动或振动，不要使用过量的焊剂和用已热的烙铁头作为焊料的运载工具
导线同接线端子的焊接	 绕焊：把经过镀锡的导线端头在接线端子上缠一圈，用钳子拉紧缠牢后进行焊接	这种焊接可靠性最好
	  钩焊：将导线端弯成钩形，钩在接线端子上并用钳子夹紧后焊接	这种焊接操作简便，但强度低于绕焊
	  搭焊：把镀锡的导线端搭到接线端子上施焊	此种焊接最简便但强度及可靠性最差，仅用于临时连接等

工序名称	操作方法及步骤	备 注
导线与导线的焊接	 (a) 细导线绕到粗导线上 (b) 同样粗细的导线的绕焊 (c) 导线搭焊 　导线之间的焊接以绕焊为主,操作步骤如下: 　(1) 去掉一定长度的绝缘层; 　(2) 端头上锡,并套上合适的绝缘套管; 　(3) 绞合导线,施焊; 　(4) 趁热套上套管,冷却后套管固定在接头处	对调试或维修中的临时线,也可采用搭焊的办法
空心铆钉板上焊接	 (a) 直角插焊 (b) 弯角插焊 　在空心铆钉板上焊接铜丝(50 个铆钉),先清除空心铆钉表面氧化层,清除铜丝表面氧化层,然后镀锡,并在空心铆钉上(直插、弯插)焊接	焊点要圆润、光滑,焊锡适中,没有虚焊。剥导线绝缘层时,不要损伤铜芯。导线连接方法要正确、牢靠

五、实训内容和步骤

焊接实训的内容与步骤如下:

(1) 在空心铆钉板的铆钉上焊接圆点(50 个铆钉),先清除空心铆钉表面氧化层,然后在空心铆钉板各铆钉上焊上圆点。

(2) 在空心铆钉板上焊接铜丝(50 个铆钉),先清除空心铆钉表面氧化层,清除铜丝表面氧化层,然后镀锡,并在空心铆钉上(直插、弯插)焊接。

(3) 在印制电路板上焊接铜丝(100 个孔),在保持印制电路板表面干净的情况下,清除铜丝表面氧化层,然后镀锡并在印制电路板上焊接。

(4) 用若干单股短导线,剥去导线端子绝缘层,练习导线与导线之间的焊接。

(5) 用单股及多股导线和焊接片练习导线与端子之间的绕焊、钩焊与搭接。

六、评分标准

成绩评分标准见表 7-8。

表 7 - 8　成绩评分标准

项目内容	评分标准	配分	扣分	得分
铆钉板上焊接圆点	虚焊、焊点毛糙，每点扣 1 分	10		
铆钉板上焊接铜丝	虚焊、焊点毛糙，每点扣 1 分	10		
印制板上焊接铜丝	虚焊、焊点毛糙，每点扣 1 分	20		
导线与导线的焊接	虚焊、焊点毛糙，每点扣 1 分 导线连接不正确，每处扣 3 分	25		
导线和焊接片的焊接	虚焊、焊点毛糙，每点扣 3 分	25		
安全、文明生产	每一项不合格扣 5～10 分	10		
备　注	时间：120 min　　　　评分			
	不允许超时　　　　教师签字			

7.3　常用电子仪器仪表的使用

7.3.1　直流稳压电源的使用

一、实训目的

（1）了解直流稳压电源的基本结构和主要技术指标。

（2）掌握 VD1710 - 3A 型直流稳压电源的使用方法。

二、知识概述

直流稳压电源种类型号繁多，电路结构千姿百态。特别是开关稳压电源，正在不断向高频、高可靠、低耗、低噪声、抗干扰和模块化方向发展。实验室所用的直流稳压电源，从输出形式上一般分为单路、双路和多路。无论直流稳压电源怎样发展变化，各种直流稳压电源的基本使用方法都大同小异。下面以 VD1710 - 3A 型直流稳压电源为例，简要介绍它的使用方法。

1. 直流稳压电源的性能指标

在使用直流稳压电源以前，应充分了解其主要性能指标。表 7 - 9 是 VD1710 - 3A 型直流稳压电源的主要性能指标。

表 7 - 9　VD1710 - 3A 型直流稳压电源的主要性能指标

参数名称	数　据	参数名称	数　据
输出电压	2×32 V 连续可调	负载效应	电压：$\leqslant 5\times10^{-4}+2$ mV 电流：$\leqslant 20$ mA
输出电流	2×3 A 连续可调	纹波及噪声	电压：$\leqslant 1$ mV 电流：$\leqslant 1$ mA
输入电源电压	220 V±10%　50 Hz±4%	相互效应	电压：$\leqslant 5\times10^{-5}+1$ mV 电流：$\leqslant 0.5$ mA

2. 直流稳压电源的外形结构

图 7 - 23 是 VD1710 - 3A 型直流稳压电源的面板结构示意图。各部件功能介绍见表 7 - 10。

图 7 - 23　VD1710 - 3A 型直流稳压电源面板结构示意图

表 7 - 10　直流稳压电源 VD1710 - 3A 各部件功能介绍

编　号	功 能 说 明	编　号	功 能 说 明
1	电源开关	9	跟踪模式选择按钮
2	Ⅰ、Ⅱ路电压、电流输出显示	10、13	Ⅰ、Ⅱ路输出"＋"
3、6	Ⅰ、Ⅱ路电压调节旋钮	11、14	Ⅰ、Ⅱ路输出"－"
4、7	Ⅰ、Ⅱ路电流调节旋钮	12	接地端
5、8	Ⅰ、Ⅱ路输出电压、电流选择按钮		

3. 直流稳压电源的使用

(1) 将电源开关置于"ON"位置，接通交流电源，指示灯亮。

(2) 调节"VPLTS"和"CURRENT"至所需的电压和电流值。

(3) 根据外部负载电源的极性，正确连接电源输出端的"＋"端和"－"端。

(4) 跟踪模式：将"MODE"按下，在Ⅰ路输出负端、接地端和Ⅱ路输出正端之间加一短接线，整机即工作在主-从跟踪状态。

4. 直流稳压电源使用时的注意事项

(1) 使用时应先调整到需要的电压后，再接入负载。

(2) 散热风扇位于机器的后部，应留有足够的空间，有利于机器散热。

(3) 使用完毕，应将面板上各旋钮、开关的位置复原，最后切断电源开关避免输出端短路。

7.3.2　函数信号发生器的使用

一、实训目的

(1) 了解函数信号发生器的基本结构和主要技术指标。

(2) 掌握 VD1641 型函数信号发生器的使用方法。

二、知识概述

信号发生器是电子测量系统不可缺少的重要设备。它的功能是产生测量系统所需的不同频率、不同幅度的各种波形信号，这些信号主要用来测试、校准和检修设备。信号发生器可以产生方波、三角波、锯齿波、正弦波、正负脉冲信号等，其输出信号的幅值可按需要进行调节。下面以 VD1641 型函数信号发生器为例简要介绍它的使用方法。

1. 函数信号发生器的性能指标

VD1641 型函数信号发生器能产生正弦波、方波、三角波、脉冲波、锯齿波等波形。其频率范围宽，可达 2 MHz，具有直流电平调节、占空比调节、VCF 功能等。频率显示有数字显示和频率计显示，频率计可外测。VD1641 型函数信号发生器主要性能指标见表 7 - 11。

表 7 - 11　VD1641 型函数信号发生器的性能指标

参数名称	数　据	参数名称	数　据
波形	正弦波、方波、三角波、脉冲波、锯齿波等	占空比	10％～90％连续可调
频率	0.2 Hz～2 MHz	输出阻抗	50Ω±10％
显示	4 位数显	正弦失真	≤2％(20 Hz～20 kHz)
频率误差	±1％	方波上升时间	≤5 ns
幅度	1 mV～25 V_{P-P}	TTL 方波输出	≥3.5 U_{P-P} 上升时间≤25 ns
功率	≥3 W_{P-P}	外电压控制扫频	输入电平 0～10 V
衰减器	0 dB、-20 dB、-40 dB、-60 dB	压控比	1∶100
直流电平	-10～+10 V		

2. 函数信号发生器的外形结构

图 7 - 24 是 VD1641 型函数信号发生器的面板结构示意图。各部件的功能介绍详见表 7 - 12。

图 7 - 24　VD1641 型函数信号发生器的面板结构示意图

表 7 - 12   各部件功能介绍

编号	名　称	功　能
1	显示屏	4 位数显示频率
2	电源开关(POWER)	按下此键时,电源开
3	功能开关(FUNCTION)	选择输出波形
4	频率微调(FREQVAR)	频率覆盖范围 10 倍
5	分挡开关(RANGE - HZ)	10 Hz～2 MHz(分六挡选择)
6	衰减器(ATT)	开关按入时衰减 30 dB
7	幅度(AMPLITUDE)	幅度可调
8	直流偏移调节(DC OFFSET)	当开关拉出时:直流电平为－10～＋10 V 连续可调 当开关按入时:直流电平为零
9	占空比调节(RAMP/PULSE)	当开关按入时:占空比为 50% 当开关拉出时:占空比为 10%～90% 内连续可调,频率为指示值的 1/10
10	输出(OUTPUT)	波形输出端
11	TTL OUT	TTL 电平输出端
12	控制电压输入端(VCF)	把控制电压从 VCF 端输入,则输出信号频率将随输入电压值而变化
13	INPUT	外测频输入
14	OUT SIDE	测频方式(内/外)
15	SPSS	单次脉冲开关
16	OUT SPSS	单次脉冲输出

3. 函数信号发生器的使用

(1) 将仪器接入交流电源,按下电源开关。

(2) 按下选择波形的功能开关。

(3) 当需要脉冲波和锯齿波时,拉出并转动 RAMP/PULSE 开关,调节占空比,此时频率为指示值的 1/10,其他状态时关掉。

(4) 当需小信号输入时,按入衰减器。

(5) 调节幅度至需要的输出幅度。

(6) 调节直流电平偏移至需要设置的电平值,其他状态时关掉,直流电平将为零。

(7) 当需要 TTL 信号时,从脉冲输出端输出,此电平将不随功能开关改变。

4. 函数信号发生器使用时的注意事项

（1）把仪器接入交流电源之前，应检查交流电源是否和仪器所需的电源电压相适应。

（2）仪器需预热 10 min 后方可使用。

（3）不能将大于 10 V(DC＋AC)的电压加至输出端、脉冲端和 VCF 端。

7.3.3　交流毫伏表的使用

一、实训目的

（1）了解交流毫伏表的基本结构和主要技术指标。

（2）掌握 VD2173 型双通道交流毫伏表的使用方法。

二、实训项目

掌握交流毫伏表的使用方法；测定放大电路的动态性能指标。

三、实训器材

单管低频放大电路板 1 块/组；

VD2173 型交流毫伏表 1 台/组；

VD1710－3A 型直流稳压电源 1 台/组；

VD1641 型函数信号发生器 1 台/组。

四、知识概述

毫伏表的种类、型号较多，但使用方法大同小异，下面以 VD2173 型双通道交流毫伏表为例，介绍毫伏表的使用方法。

VD2173 型双通道交流毫伏表属于放大-检波式电压表，表头指示出正弦波电压的有效值。该表包含两组性能相同的集成电路及晶体管，组成高稳定度的放大电路和表头指示电路，其表头采用同轴双指针式结构，可十分清晰、方便地进行双路交流电压的同时比较和测量。

1. 交流毫伏表的主要性能

VD2173 型双通道交流毫伏表主要性能指标见表 7－13。

表 7－13　VD2173 型双通道交流毫伏表主要性能指标

参数名称	数　　据
测量电压范围	100 μV～300 V
测量电平范围	－60～50 dB
测量电压的频率范围	10 Hz～2 MHz
电压误差	±3%
频率响应误差	20 Hz～100 kHz 时小于±3%；10 Hz～2 MHz 时小于±8%

2. 交流毫伏表的外形结构

图 7－25 是 VD2173 型双通道交流毫伏表的面板结构示意图。

1—电源开关；
2—左通道输入量程旋钮(黑色)；
3—右通道输入量程旋钮(红色)；
4—左通道输入插座；
5—右通道输入插座。

图 7-25 VD2173 型双通道交流毫伏表的面板结构示意图

3. 交流毫伏表的使用

(1) 接通电源前先看表针机械零点是否为"零"，若不为零，则要进行机械调零，使指针指示在左端零刻度线上。

(2) 打开电源开关，电源指示灯亮。

(3) 将信号输入线的信号端和接地端短接，校正调零，使指针指到零位。

(4) 调整量程旋钮，选择适当的测量量程。

(5) 将信号输入线的信号端接到电路板的被测点上，信号输入线的接地端接到电路板的地线上。

(6) 读数。读数时的注意事项如下：

① 读数时应与量程结合。标有 0~10 数值的第一条刻度线，适用于 1 V、10 V、100 V 量程；标有 0~3 数值的第二条刻度线，适用于 3 V、30 V、300 V 量程。

② 满度时等于所选量程的值。例如所选量程为 30 mV，满度时所测量的电压值为 30 mV。

③ 第三条刻度线用来测量电平分贝(dB)值，测量值用指针读数与量程值的代数和来表示，即测量值＝量程＋指针读数。例如量程选 10 dB，测量时指针在 -4 dB 位置，则测量值＝10 dB＋(-4 dB)＝6 dB。

4. 交流毫伏表使用时的注意事项

(1) 接通电源及转换输入量程时，由于电容的放电过程，指针有所晃动，需待指针稳定后才可读数。

(2) 测量时若出现读数太小或超过刻度范围的情况，应改选量程(量程选择的原则是尽量使指针在全刻度的 2/3 左右处读数)，并且每转换一个量程必须重新校正调零。

(3) 在不知所测电压的大小时，应先选择最大量程，然后逐渐减小到合适的量程。

(4) 毫伏表的表盘值是按正弦波有效值进行刻度的，故不能测量非正弦交流电压。

(5) 当量程开关置于毫伏挡时，应避免用手触及输入端。接线次序是先接接地端，后接非地端；拆线次序是先拆非地端，后拆接地端。

(6) 测量结束，应将输入线的信号端和接地端进行短接，或将量程开关拨到较大量程，避免外界感应电压输入损坏毫伏表。

五、实训内容及步骤

毫伏表的实训内容及步骤如下：

（1）对毫伏表调零后，接通电源预热待用。

（2）将放大电路、稳压电源、低频信号发生器按如图 7-26 所示的结构进行连接，确认无误后，接通电源观察毫伏表指针的偏转情况。若指针偏转角超过量程，调节低频信号发生器的输出电压幅度或更换毫伏表的量程。

图 7-26　电路连接图

各仪器的参数参考值如下：

低频信号发生器：输出频率为 1 kHz，输出电压为 1～2 mV。

稳压电源：12 V。

交流毫伏表：左通道量程为 3 mV，右通道量程为 1～3 V。

（3）观测毫伏表的指针，按要求填写表 7-14。

表 7-14　放大电路动态性能测试

测试条件		测 量 数 据		由测试值计算
C_E	R_L	U_i/mV	U_o/V	$A_u = U_o/U_i$
接入	∞			
接入	接入			
断开	接入			

7.3.4　示波器的使用

一、实训目的

（1）了解示波器的作用和特点。

（2）熟悉 V-252 双踪示波器各旋（按）钮的作用。

（3）掌握 V-252 双踪示波器的使用方法。

二、实训项目

（1）掌握模拟双踪示波器 V-252 各旋钮的功能。

（2）掌握用示波器测量电信号的方法。

三、实训器材

V-252 双踪示波器 1 台，信号发生器(实验电路板)1 台。

四、知识概述

1. 示波器的作用

在实际的测量中，大多数被测量的电信号都是随时间变化的函数，可以用时间的函数来描述。而示波器就是一种能把随时间变化的、抽象的电信号用图像来显示的综合性电信号测量仪器，主要测量内容包括：电信号的电压幅度、频率、周期、相位等电量；示波器与传感器配合还能完成对温度、速度、压力、振动等非电量的检测。所以，示波器已成为一种直观、通用、精密的测量工具，广泛地应用于科学研究、工程实验、电工电子、仪器仪表等领域，对电量及非电量进行测试、分析、监视。

2. 示波器的特点

示波器的特点如下：

(1) 能将肉眼看不到的、抽象的电信号用具体的图形表示，使之便于观察、测量和分析。

(2) 波形显示速度快，工作频率范围宽，灵敏度高，输入阻抗高。

(3) 利用电路存储功能，可以观察瞬变的信号。

(4) 配合传感器后，可以观察非电量的变化过程。

(5) 一般来说，示波器体积较大，不便于携带。现在也有一种类似于数字式万用表大小的示波表，但其功能并不齐全。

3. V-252 双踪示波器面板介绍

能在同一屏幕上同时显示两个被测波形的示波器称为双踪示波器。要在一个示波器的屏幕上同时显示两个被测波形，一般有两种方法：一是采用双线示波管，即要有两个电子枪、两套偏转系统的示波管；另一种方法是将两个被测信号用电子开关控制，不断交替地送入普通示波管中进行轮流显示。只要轮换的速度足够快，由于示波管的余辉效应和人眼的视觉残留作用，屏幕上就会同时显示出两个波形的图像，通常将采用这种方法的示波器称为双踪示波器。本书以 V-252 双踪示波器为例介绍示波器的使用，该设备操作方便、性价比较高，在社会上有较大的拥有量。

V-252 双踪示波器面板结构示意图如图 7-27 所示。

图 7-27　V-252 双踪示波器面板结构示意图

V-252 双踪示波器各操作部件功能介绍如下。

1) 电源控制部分

电源控制部分各部件功能如表 7 – 15 所示。

表 7 – 15　电源控制部分各部件功能

编号	名　称	功　能
1	显示屏	显示波形
2	电源开关(POWER)	当按下此键时,电源开,且 LED 发光

2) 电子束控制部分

电子束控制部分各部件功能如表 7 – 16 所示。

表 7 – 16　电子束控制部分各部件功能

编号	名　称	功　能
3	辉度(INTEN)	调节电子束的强度,控制波形的亮度。顺时针调节时亮度增大
4	聚焦(FOCUS)	调节波形线条的粗细,使波形最细、最清晰
5	光迹旋转 (TRACE ROTATION)	调整水平基线倾斜度,使之与水平刻度重合

3) 垂直(信号幅度)控制部分

垂直(信号幅度)控制部分各部件功能如表 7 – 17 所示。

表 7 – 17　垂直(信号幅度)控制部分各部件功能

编号	名　称	功　能
8	垂直工作模式选择 (MODE)	CH1、CH2:此时单独显示 CH1 或 CH2 的信号。 ALT:交替显示方式,用于观测较高频率的信号。 CHOP:断续显示方式,用于观测低频信号。 ADD:两个信道的信号叠加显示
6、7	CH1、CH2 输入	信号输入,接探头
20、21	输入信号耦合方式选择	AC:只输入交流信号。 DC:交直流信号一起输入。 接地:将输入端短路,适用于基线的校准
16、17	垂直衰减调节 (VOLTS/div)	信号电压幅度调节,使波形在垂直方向得到合适的显示,从 5 mV/div 至 5V/div 分 10 挡。可以分别控制 CH1 和 CH2 通道
14、15	垂直微调	垂直电压微调、校准。校准时,应顺时针旋到底。拔出时,垂直灵敏度扩大 5 倍
18、19	垂直位移 (POSITION)	调节基线垂直方向上的位置。 CH2 通道拉出此旋钮时,CH2 的信号被反相

4）水平（时基）控制部分

水平（时基）控制部分各部件功能如表 7－18 所示。

表 7－18　水平（时基）控制部分各部件功能

编号	名　称	功　能
22	水平扫描时间系数调节（TIME/div）	调节水平方向上每格所代表的时间。可在 0.2 μs/div ～ 0.2 s/div 范围内调节，共 19 挡
23	扫描微调控制	水平扫描时间微调、校准。校准时，应顺时针旋到底
24	水平位移（POSITION）	调节波形在水平方向的位置。此旋钮拔出后处于扫描扩展状态，为×10 扩展，即水平灵敏度扩大 10 倍

5）触发控制部分

触发控制部分各部件功能如表 7－19 所示。

表 7－19　触发控制部分各部件功能

编号	名　称	功　能
9	内部触发信号源选择开关（INT TRIG）	CH1：以 CH1 的输入信号作为触发源。 CH2：以 CH2 的输入信号作为触发源。 VERT MODE：交替地分别以 CH1 和 CH2 两路信号作为触发信号源
13	触发电平/触发极性选择开关（LEVEL）	触发电平调节（同步调节），使扫描与被测信号同步，其作用是使波形稳定。 极性开关用来选择触发信号的极性，（拉出）拨在"＋"位置时上升沿触发，拨在"－"位置时下降沿触发
12	外触发信号输入端（TRIG INPUT）	当触发源置于外接时，由此输入触发信号
11	触发源选择（SOURCE）	内触发（INT）8：以内部信号作为触发信号，由 9 号 INT TRIG 开关（内部触发信号源选择开关）来选择，电源（LINE）：使用电源频率信号为触发信号，外接（EXT）：此时需要外部输入触发信号
10	触发方式选择（MODE）	自动（AUTO）：扫描电路自动进行扫描，无输入信号时，屏幕上仍可显示时间基线。适用于初学者使用。长时间不用时，为保护荧光屏.应调小亮度。 常态（NORM）：有触发信号才能扫描。即当没有输入信号时，屏幕无亮线。 视频—行（TV－H）：用于观测视频—行信号。 视频—场（TV－V）：用于观测视频—场信号

6）其他

其他部件功能见表 7－20。

表 7 - 20　其他部件功能

编号	名　称	功　能
25	校准信号	此处是由示波器本身所产生的一个幅度为 0.5 V、频率为 1 kHz的方波信号，供示波器的探头补偿校准用
26	示波器接地	接大地

4. 示波器的测量方法

1) 示波器扫描基线的获得(以 CH1 通道为例)

(1) 开机。按下电源开关，指示灯亮。

(2) 将垂直通道的工作方式设为 CH1，且将 CH1 的输入耦合方式设为接地(GND)。

(3) 将辉度旋钮调大(顺时针调节)。

(4) 将触发方式设为自动，此时应该出现扫描基线，如图 7 - 28 所示。若此时未出现基线，可以尝试下一步操作。

图 7 - 28　调节扫描基线

(5) 调节垂直位移，找出扫描基线且调节旋钮使基线与水平轴重合。若基线与 X 轴只能相交不能重合，请尝试下一步。

(6) 调节光迹旋转，使基线与水平轴重合。

(7) 调节聚焦使水平基线最清晰(最细小)。

经过以上操作，能在屏幕上得到一条最清晰的水平扫描基线，示波器使用的第一步完成。

2) 示波器的校准

示波器探头如图 7 - 29 所示。注意：当衰减开关拨到×1 时，垂直方向上每格的电压值为指示值；拨到×10 时，垂直方向上每格的电压值为指示值×10。

图 7 - 29　探头

（2）探头接示波器端。将探头插入 CH1 插孔且顺时针旋转方能正确连接。

（3）接上示波器的校准信号。

（4）适当调节"VOLTS/div""TIME/div"旋钮，分别关闭 CH1 的垂直微调和扫描微调，即将微调旋钮顺时旋到底。

（5）得到校准信号波形，如图 7-30 所示。

图 7-30　校准信号波形

3）实测信号

（1）注意事项。

① 示波器是一种精密仪器，应避免强烈震动和置于强磁场中。

② 检查电源电压是否合乎要求，本仪器要求电源电压为～220 V、50 Hz。

③ 不可将光点和扫描线调得过亮，以免在荧光屏上留下黑斑。

④ 输入端电压应不超过示波器规定的最大允许电压。

⑤ 不要随意调节面板上的开关和旋钮，以避免开关和旋钮失效。

⑥ 测量高电压时，严禁用手直接接触被测量点，以免触电。

（2）直流电压的检测。

① 测量对象：9 V 层叠电池的电压。

② 获得正确的扫描基线。输入耦合方式选择为 DC。

③ 探头接法如图 7-31 所示。

④ 关闭垂直微调（顺时针旋到底），合理调节"VOLTS/div"旋钮，使波形在荧光屏垂直方向上得到合适的显示，如图 7-32 所示。此时得到的测量波形如图 7-33 所示。

图 7-31　接探头

图 7-32　调为 5 V/格

图 7 - 33　电池的测量波形

根据图 7 - 33 读出参数：

电压＝垂直格数×伏特/格＝1.8 div×5 V/div＝9 V

（3）正弦交流信号的检测。

① 测量对象：正弦波信号发生器的输出端。

② 正确选择"VOLTS/DIV"和"TIME/DIV"。

③ 波形不同步如图 7 - 34 所示，其原因可能为：触发源选得不对；触发电平调得不合适。

图 7 - 34　波形不同步

波形不同步时，首先检查触发源是否与输入通道一致（CH1 或 CH2），其次调节触发系统的同步电平。

④ 经如上调节，得到稳定波形图，如图 7 - 35 所示。

图 7 - 35　正弦信号波形

波形参数的读取：

根据 U_{P-P}＝垂直格数×伏特/格，有

$$U_{\text{P-P}} = 4 \times 0.2 \text{ V} = 0.8 \text{ V}$$

$$U_{\text{rms}} = \frac{U_{\text{P-P}}}{2} \times 0.707 = \frac{0.8}{2} \times 0.707 \text{ V} \approx 0.283 \text{ V}$$

周期 $T = $ 水平格数×时间/格 $= 4.6 \times 0.2 \text{ ms} = 0.92 \text{ ms}$

正半周 $T_{\text{H}} = $ 正半周所占水平格数×时间/格 $= 2.3 \times 0.2 \text{ ms} = 0.46 \text{ ms}$

负半周 $T_{\text{L}} = $ 负半周所占水平格数×时间/格 $= 2.3 \times 0.2 \text{ ms} = 0.46 \text{ ms}$

频率 $f = 1/T$，有

$$f = \frac{1}{0.92 \text{ ms}} = 1.087 \text{ kHz}$$

(4) 双踪显示(目的：计算两个信号的相位差)。

① 测量对象：同频率的两个正弦信号。

② 将 CH1 接信号 1，将 CH2 接信号 2，调节各旋钮，得两信号如图 7 - 36 所示。

图 7 - 36　同频率正弦信号的相位比较

求相位差的方法：一个周期在 X 轴上的格数为 5.8 格，所以每格代表的相位为 62.1°(一个周期为 $2\pi = 360°$，所以每格所代表的相位为 360°除以一个周期的水平总格数)，则相位差 $\Delta\varphi = 1 \times 62.1° = 62.1°$。

五、实训内容与步骤

示波器的实训内容与步骤如下：

(1) 对示波器进行校准。

(2) 将信号发生器的输出波形设为锯齿波。

(3) 示波器的旋钮设置。

垂直通道的设置如表 7 - 21 所示。

表 7 - 21　垂直通道设置

旋钮名称	工作模式	输入信号耦合	垂直微调	VOLTS/DIV
旋钮设置				

水平通道的设置如表 7 - 22 所示。

表 7 - 22　水平通道设置

旋钮名称	扫描微调	TIME/DIV
旋钮设置		

触发源的设置如表 7 - 23 所示。

表 7 - 23　触 发 源 设 置

旋钮名称	触发方式	触发源	触发耦合	触发极性	触发电平
旋钮设置					

(4) 画出波形图。

7.4　功能电路装配训练

7.4.1　稳压电源

一、实训目的

(1) 了解新元器件的作用并理解电源电路的工作原理。

(2) 掌握万用表、调压器及交流毫伏表的正确使用。

(3) 掌握稳压电源测试电路的组建及相关点数据的测试。

二、实训仪器

万用表、交流毫伏表、调压器和白色水泥电阻(10Ω 和 15Ω)。

三、实训内容

1. 电路原理图

稳压电源电路原理图如图 7 - 37 所示。

1—降压电路; 2—桥式整流电路; 3—滤波电路; 4—调整电路;

5—基准电路; 6—比较放大电路; 7—取样电路。

图 7 - 37　稳压电源电路原理图

2. 线路板图

稳压电源线路板图如图 7 - 38 所示。

图 7-38　稳压电源线路板图

3. 接线示意图

稳压电源接线示意图如图 7-39 所示。

图 7-39　稳压电源接线示意图

4. 实训要求

(1) 变压器输出电压为 12 V±0.2 V(输入 AC 220 V)。

(2) 测试电流调整率。在输入 AC 220 V、输出电流空载和 1 A 时测量输出电压,并记录和计算调整率。

(3) 测试输出纹波电压(在输入为 220 V、负载电流为 1 A 的额定工作状态下)。

(4) 测试电压调整率。在输出 1 A、输入电压 198 V 及 242 V 时测输出电压,并记录和计算调整率。

四、调试步骤

1. 调试空载输出电压

调试空载输出电压为 12 V±0.2 V(输入 AC 220 V)。如实测达不到指标,则说明超差原因及调整方法。

（1）检查工作台的调压器、变压器和负载电阻是否完好。

① 用万用表 AC 500 V 挡测量调压器输出端电压。

② 用万用表 200 Ω 挡测量变压器初级电阻、次级电阻。

③ 用万用表 200 Ω 挡测量负载电阻，把阻值调节在 12 Ω 左右。

（2）按图 7-39 连接电路（空载情况）。

（3）各点电压的测量。

① 把调压器的输出电压调到 AC 220 V（用万用表 AC 500 V 挡测量），此即为变压器的初级输入电压，结果填入表 7-24 中。

② 用万用表 AC 200 V 挡测量变压器次级输出电压，结果填入表 7-24 中。

③ 用万用表 DC 200 V 挡，黑表笔接地，红表笔测保险丝夹上的电压，即整流以后的电压，结果填入表 7-24 中。

④ 用万用表 DC 20 V 挡，黑表笔接地，红表笔测稳压电源输出"+"端电压 U_1，可以把黑表笔绕在导线上测量，结果填入表 7-24 中。

要求空载输出电压为 12 V±0.2 V，达不到可以调节电位器 RP1。

2. 测试电流调整率

在输入 AC 220 V、输出电流空载和负载电流 1 A 时，测量输出电压并记录和计算调整率。

（1）接步骤 1，电路板输出端接负载电阻。

（2）用万用表 DC 10 V 挡，串入负载回路，通电，调节负载电阻的阻值。

（3）取下万用表表笔，把表笔插回原位，接好负载；再用万用表 DC 20 V 挡测量负载两端电压，即负载电压 U_2，结果填入表 7-24 中。

（4）切断电源。

（5）空载电压 U_1 即步骤 1 中电路板不接负载时的输出电压 12.00 V。

（6）电流调整率计算：$(U_1 - U_2)/U_1 \times 100\%$。

3. 测试输出纹波电压

在输入 AC 220 V，负载电流为 1 A 的额定工作状态下，测量输出纹波电压并记录。

（1）接步骤 2，电路连接保持不变。

（2）用交流毫伏表 1 mV 或 3 mV 挡测量负载两端的纹波电压，一般测量值应小于 1 mV 为好。

① 交流毫伏表红色夹子接"+"，黑色夹子接 GND。

② 正确读数，当指针位于满刻度 2/3 时读数误差最小。

③ 选择正确的量程挡位。

（3）测量值填入表 7-24。

4. 测试电压调整率

在负载电流 1 A、输入电压 198 V 及 242 V 时测量输出电压，并记录和计算调整率。

（1）负载电流 1 A 不变，用万用表 AC 500 V 挡测量调压器输出端电压，调节旋钮使读数为 198 V；再用万用表 DC 20 V 挡测量负载两端的电压，记录数据填入表 7-24 中。

① 接步骤 2 通电，负载电阻不用调节，保持不变。

② 调节调压器，使其输出 198 V 电压。

③ 测量负载两端的电压，即 U_3。

④ 断电。

（2）再用万用表 AC 500 V 挡测量调压器输出端电压，调节旋钮使读数为 242 V；然后用万用表 DC 20 V 挡测量负载两端电压，结果填入表 7 - 24 中。

① 接步骤 2 通电，负载电阻不用调节，保持不变。

② 调节调压器，使其输出 242 V 电压。

③ 测量负载两端电压，即 U_4。

（3）AC 220 V 时输出电压同前面测量电流调整率时的稳压输出电压 U_2，结果填入表 7 - 24 中。

（4）电压调整率计算：$(U_4 - U_3)/U_2 \times 100\%$。

五、调试报告

稳压电源测试报告如表 7 - 24 所示。

表 7 - 24　稳压电源测试

空 载	变压器输入电压	变压器输出电压	整流后电压	稳压输出电压(U_1)
电压调整率（加载）	电源输入电压	198 V	220 V	242 V
	稳压输出电压			
	电压调整率计算：			
电流调整率	输出电流	空载	1 A	输出纹波电压
	输出电压			
	电流调整率计算：			
故障分析与处理情况：				
完成人				

六、注意事项

（1）测量中，万用表应掌握单手操作，以便实现边监测边调试，不会因操作失误而使电路短路，做到安全操作，测量中应选择合适的地电位（参考点）。

（2）测量变压器输出端电压时，注意万用表使用的挡位，如果误用电流挡测量则会烧坏变压器。

（3）线路板 AC 输入端接入 18 V 交流电压时，红、黑两夹子应设法分开固定，保证操作过程中不会短路而烧坏调压器。

（4）使用交流毫伏表测量纹波电压时，应注意机械校零。接线时最好处于关机状态，先接黑色夹子，再接红色夹子，撤除时恰好相反。

（5）电源输出如果不正常，应先检查元件是否焊错或焊接是否可靠。一般情况下，如果输出电压超过 +12 V 并且不可调，说明调整电路处于饱和状态；如果低于 +12 V，同样不可调，说明调整电路处于截止状态，应重点检查取样电路、比较放大电路和基准电路。

7.4.2 场扫描电路

一、实训目的

（1）了解新元器件的作用并理解场扫描电路的工作原理。

（2）掌握双踪示波器、双路直流稳压源的正确使用。

（3）掌握场扫描电路测试电路的组建及调试方法并记录相关数据波形。

二、实训仪器

双路直流稳压电源、万用表、双踪示波器及偏转线圈。

三、实训内容

1. 电路原理图

场扫描电路原理图如图 7-40 所示。

1—锯齿波形成电路；2—OTL 功放激励级；3—OTL 功放输出级；4—正反馈回路。

图 7-40　场扫描电路原理图

2．线路板图

场扫描电路线路板图如图 7-41 所示。

图 7-41　场扫描电路线路板图

3．接线示意图

场扫描电路接线示意图如图 7-42 所示。

图 7-42　场扫描电路接线示意图

4．实训要求

(1) 测试输出中点(C 点)电位(约为 $U_{cc}/2\pm0.2$ V)，不作记录。

(2) 测试 C8 负极(A 点)对地输出电压波形(峰-峰值为 ±2 V 左右)和偏转线圈(B 点)的电流波形(峰-峰值为 ±0.5 V 左右)，将场频、场幅及场线性调整好后的输出波形记入测试报告中。(峰-峰值为 ±2 V 左右)

（3）测试场频调节范围，并记录。

（4）仪器使用正确，读数准确。

四、调试步骤

1．测试输出中点电位

（1）检查工作台上的稳压电源、示波器和偏转线圈。

① 检查线路板是否有短路、虚焊。

② 调节双路直流稳压电源使其输出为 +12 V，并加入线路板电源端。

③ 打开示波器并调节，使其工作在正常状态。

④ 用万用表 200 Ω 挡测量长偏转线圈的阻值，约为 3～6 Ω。

（2）连接电路。

（3）测量中点电压。

① 打开电源，用万用表 DC 20 V 挡测量 R14、R15 公共端对地电压。

② 同时调节电位器 RP4，使万用表的读数为 6 V±0.2 V。

注意 RP1、RP2 的调节影响中点电压，测试结果填入表 7-25。

2．波形的调试

测试 C8 负极输出电压波形和偏转线圈电流波形，将场频、场幅调整好后的输出波形记入测试表格。

（1）测试 C8 负极输出电压波形。

① 打开示波器，红色夹子接 PZ"＋"端引线，黑色夹子接"－"端引线，观察示波器屏幕上显示的波形。

② 调节 RP1 可以改变场频。

③ 调节 RP2 可以改变场幅。

④ 调节 RP3 可以改变场线性。

调 RP1 使场频为 50 Hz（即示波器 t/div 旋至 5 ms/div，波形共占四格），调 RP2 使场幅为 ±2 V（2 V/div，5 ms/div），然后调 RP3 使线性良好，再测中点电压是否为 6 V±0.2 V，重复步骤③～④，直至波形线性良好，幅度满足要求并且中点电压在 6 V±0.2 V 范围之内，测中点电压填入表 7-25 中，并画出波形图（U_{P-P}＝4 V）。

（2）测试偏转线圈电流波形。

将示波器探头接十偏转线圈远离 C8 的一端与地之间，测出输出电流波形，画出波形图（U_{P-P}＝1 V）。

注意，波形出现线性失真时，可以通过调节 RP3 来减小失真。

3．测试场频调节范围

（1）调节 RP1（分别顺时针和逆时针），观察波形，计算出场频的调节范围。其频率调节范围一般在 45～55 Hz 之间，即在 22～18 ms 之间。

（2）频率调节范围测试结束后，恢复输出电压波形周期为 20 ms，幅度为 5 V，且波形的线性良好。

五、调试报告

场扫描电路测试报告如表 7-25 所示。

表 7-25　场扫描电路测试

输出中点电压		V	场频调节范围		Hz
C8 负极输出电压波形和偏转线圈电流波形					
电压波形					
电流波形					
故障分析与处理情况:					
完成人					

六、注意事项

(1) 测量过程中,注意正确记录中点电压。

(2) 在测量输出电压波形和输出电流波形时,注意示波器正确接入。

(3) 调试过程中,应明确各电位器所起的作用,正确配合使用。

(4) 画电压、电流波形时,注重 X 轴线的定位。

(5) 三极管 C511 和 D325 的参数也直接影响波形的失真程度,两管的放大倍数要求相差不大,尽可能相等。其值一般要大于 50。

7.4.3　三位半 A/D 转换器

一、实训目的

(1) 了解新元器件的作用并理解三位半 A/D 转换器的工作原理。

(2) 掌握双踪示波器、双路直流稳压电源及多圈电位器的正确接入使用。

(3) 掌握三位半 A/D 转换器测试电路的组建及调试方法,并记录相关数据波形。

二、实训仪器

双路直流稳压电源、万用表、多圈可调电位器及双踪示波器。

三、实训内容

1. 电路原理图

三位半 A/D 转换器电路原理图如图 7-43 所示。

1—波形整形电路；2—参考电压取值电路；3—时钟振荡外围电路。

图 7-43　三位半 A/D 转换器电路原理图

2. 线路板图

三位半 A/D 转换器线路板图如图 7-44 所示。

接多圈电位器

图 7-44　三位半 A/D 转换器线路板图

3. 接线示意图

三位半 A/D 转换器接线示意图如图 7 - 45 所示。

图 7 - 45   三位半 A/D 转换器接线示意图

4. 实训要求

(1) 调整时钟发生器的振荡频率 $f_{osc}=40\text{ kHz}\pm(1\%\sim5\%)$，画出 A 点波形图。

(2) 调整满度电压 $U_{fs}=2\text{ V}$(调整点 1.900 V±1 字)，记录调整结果。

(3) 测量线性误差，测试点 1.900 V、1.500 V、1.000 V、0.500 V、0.100 V，计算相对误差并记录。

(4) 测量参考电压 U_{ref}，计算满度电压与参考电压的比值。

(5) 测量 C 点负电压值并记录。

四、调试步骤

1. 调整时钟发生器的振荡频率

(1) 检查线路板是否有短路、各模块间是否存在断路。

(2) 从双路直流稳压电源输出端输出＋5 V 电压，加入线路板电源端。

(3) 打开示波器，调节使其正常。

(4) 连接电路，调试使数码管显示正常。

① 打开电源，此时数码管应有数字显示。

② 将电路板上 VIN＋引线与 GND 引线短接，此时读数应为"－000"，也可以将 TEST (7017 第 37 脚)与＋5 V 短接，读数应为"1888"。

③ 若显示不正常，检查电路焊接是否有问题。

(5) 测试时钟频率。

① 连接电路，用示波器测量 A 点波形，红色夹子接 A 点引线，黑色夹子接 GND，显示应为矩形波。

② 用示波器(CH1，1 V/div，5 μs/div)测量 A 点波形，调节 RP2(100 kΩ)，使波形为 40 kHz(即 $T=25$ μs，共 5 格)，画入表 7 - 26 中。

2. 调整满度电压

(1) 电路连接。

① 调节电源电压，使其中一组电源输出电压为 3 V，接入 50 kΩ 的多圈电位器(用于细调)。

② 将电路板上 VIN+端接到 50 kΩ 电位器上，注意极性。

③ 使用万用表 DC 2 V 挡测量 50 kΩ 电位器引脚，同时调节 50 kΩ 电位器，使万用表读数为 1.900 V。

④ 观察数码管显示的数字，同时调节 RP1，使数码管的显示为"1.900"。

(2) 测量满刻度电压 U_{fs}。

① 调节 50 kΩ 电位器，使数码管显示为"1.999"。

② 观察万用表此时的读数，大约为 2.06 V，即为满度电压 U_{fs}。

③ 记录数值填入表 7 - 26 中。

3. 测量线性误差

测试点 1.900 V、1.500 V、1.000 V、0.500 V、0.100 V 并计算相对误差，填入表 7 - 26 中。

(1) 测试点 1.900 V。

① 用万用表 DC 2000 mV 挡，调节 50 kΩ 电位器，使万用表读数为 1900 mV。

② 把 1.900 V 电压输入电路 VIN+端，记录此时数码管的示数，应该显示为 1.900，并填表。

③ 注意此时数码管的显示一定要保证为 1.900，达不到说明上步调节不准确，可以再调节电位器 RP1，直到数码管显示 1.900 为止。

(2) 测试点 1.500 V。

① 调节 50 kΩ 电位器，使万用表读数为 1500 mV。

② 记录此时数码管的示数，应该显示为 1.500 V 左右，并填表。

(3) 测试点 1.000 V。

① 调节 50 kΩ 电位器，使万用表读数为 1000 mV。

② 记录此时数码管的示数，应该显示为 1000 mV 左右，并填表。

(4) 测试点 0.500 V。

① 调节 50 kΩ 电位器，使万用表读数为 500 mV。

② 记录此时数码管的示数，应该显示为 500 mV 左右，并填表。

(5) 测试点 0.100 V。

① 调节 50 kΩ 电位器，使万用表读数为 100 mV。

② 记录此时数码管的示数，应该显示为 100 mV 左右，并填表。

(6) 测试完成后，恢复万用表读数为 1.900 V，数码管显示 1.900 的状态。

(7) 相对误差的计算

$$相对误差＝(实测值－输入电压)/输入电压×100\%$$

4. 数据测量

(1) 测量参考电压 U_{ref}，即 B 点电压，约 1.021 V，记入表 7 - 26 中，计算满度电压和参考电压的比值，记入表 7 - 26 中。

(2) 测量负电压即 C 点对地电压，约－3.41 V，记入表 7 - 26 中。

五、调试报告

三位半 A/D 转换器测试报告如表 7 - 26 所示。

表 7 - 26 三位半 A/D 转换器测试

振荡频率 f_{osc}				幅 值	
波形					
0					
输入电压	1.900 V	1.500 V	1.000 V	0.500 V	0.100 V	满度 $U_{fs}=$ V
实测(DMV)						1.999 V
相对误差						
参考电压 U_{ref}			U_{fs}/U_{ref}		负电位	
故障分析与处理情况:					
完成人					

六、注意事项

(1) 注意＋5 V 电压的接入。

(2) 调节多圈电位器时,注意力度和速度,特别是在接近极限时,应放慢速度。

7.4.4 OTL 功放

一、实训目的

(1) 了解新元器件的作用并理解 OTL 功放的工作原理。

(2) 掌握双踪示波器、双路直流稳压电源、信号发生器及交流毫伏表的配合使用。

(3) 掌握场 OTL 功放测试电路的组建及调试方法并记录相关数据波形。

二、实训仪器

双路直流稳压电源、万用表、信号发生器、交流毫伏表及双踪示波器。

三、实训内容

1. 电路原理图

OTL 功放电路原理图如图 7-46 所示。

1—激励电路；2—功放推挽输出电路。

图 7-46　OTL 功放电路原理图

2. 线路板图

OTL 功放线路板图如图 7-47 所示。

图 7-47　OTL 功放线路板图

3. 接线示意图

OTL 功放接线示意图如图 7 - 48 所示。

图 7 - 48　OTL 功放接线示意图

4. 实训要求

(1) 接通 18 V 直流电源，调整中点（A 点）电压 $U_A = 0.5U_{CC}$，调整功放管静态工作电流 $I \leqslant 25$ mA。

(2) 输入 1 kHz 音频信号，用示波器观察输出信号波形临界出现削波，并通过调节使输出信号波形上下同时削波（即达到最大不失真状态），测量负载两端的电压为 $U_o \geqslant 4U_{rms}$，记录实测电压值，并记录最大不失真输出功率（$R_L = 16$ Ω）。

(3) 将信号发生器电源关闭，测量中点电压，并记录实测值；再调整功放管静态工作电流，并记录实测值。

(4) 调整输入信号电压，使输出电压 $U_o = 4U_{rms}$，测量放大器输入信号电压值，计算电压放大倍数。

(5) 以 1 kHz，$U_o = 2U_{rms}$ 为条件，输入信号电压不变，监测输入电压，然后在输入信号电压不变情况下，将频率分别调整为 20 Hz、100 Hz、200 Hz、1 kHz 和 5 kHz，测量输出电压 U_o 值，并绘制频响曲线。

四、调试步骤

1. 测量静态工作电流

接通 18 V 直流电源，调整中点电压 $U_A = 0.5U_{CC}$，实测值填入表 7 - 27 中，调整功放管

静态工作电流 $I \leqslant 25$ mA，并记录实测电流值。

（1）检测工作台上的稳压电源、示波器和信号发生器。

① 使用万用表 DC 20 V 挡测量稳压电源其中一组电源，调节输出电压为 18 V，并将电压值填入表 7-27。

② 接入 OTL 电路板，+18 V 端用红色导线。

（2）连接电路。

（3）测量中点电压 U_A。

① 使用万用表 DC 20 V 挡，测量电阻 R8 和 R9 公共端的对地（GND 或 C511 的散热片）电压。

② 同时调节电位器 RP1，使万用表读数为 9.00 V，即中点电压 U_A，将电压值填入表 7-27。

（4）测量静态工作电流。

① 使用万用表 DC 200 mA 挡，红表笔接电源的正极，黑表笔接电路板"+18 V"导线，即把万用表串入电路中。

② 记录电流的大小，大约十几毫安，注意电流 $I \leqslant 25$ mA，将电流值填入表 7-27。

2. 测量输出波形临界削波时的输出电压

输入 1 kHz 音频信号，用示波器观察输出信号波形临界出现削波时，测量负载两端的电压应为 $U_o \geqslant 4V_{rms}$，记录实测电压值，并记录最大不失真输出功率（$R_o = 100$ Ω）。

（1）调整信号发生器，使其输出 1 kHz 的音频信号。注意：先把幅度旋钮调到最小，使用时再增大，适当使用衰减。

（2）调整示波器和交流毫伏表，使其工作正常，接入负载 16 Ω 的扬声器。

（3）连接电路。注意：信号线用红色，接 GND 线用黑色。

（4）观察信号波形临界削波。

① 打开稳压电源，为 OTL 提供 18 V 电压。

② 慢慢旋动信号发生器的幅度旋钮，可以听到喇叭有声音发出。

③ 观察示波器上 OTL 输出波形（即喇叭上音频信号波形），应为正弦波。

④ 随着幅度的不断增大（调节信号发生器），喇叭声音愈来愈大。当波形出现临界失真（波形将要失真，还没有失真）时，即临界削波。此时即为波形的最大输出状态。

⑤ 注意，功放管 D325 和 C511 不对称（放大倍数相差太大）可引起半波失真，输出达不到 4 V。

（5）测量负载两端电压 U_o。

① 使用交流毫伏表 10 V 挡测量负载两端电压。

② 红色夹了接信号输出 U_o 端，黑色夹子接 GND（与示波器相同）。

③ 此时读数即为最大不失真电压 U_o，大约 4.2 V。

④ 测量值填入表 7-27，计算最大输出功率：$P_o = U_o^2 / R_L$。

3. 测量输入电压，计算电压放大倍数

调整输入信号，使输出电压 $U_o = 4U_{rms}$，测量放大器输入信号电压值，计算电压放大倍数。

接步骤 2，电路连接不变，信号发生器输出保持 1 kHz 不变。

(1) 调节信号发生器的幅度旋钮(回旋减小)，使交流毫伏表读数为 4 V。

(2) 取下交流毫伏表测试夹子，其他不变。

(3) 用交流毫伏表 1 V(或 3 V)挡测量此时信号发生器输出信号(即电路板输入信号)的幅度。

(4) 此步骤结束后，要把交流毫伏表挡位换到 10 V 挡，重新接到喇叭两端。为下一步测量做好准备。

(5) 此时交流毫伏表的读数即为 OTL 输入信号的电压值 U_i，大约 0.36 V。

(6) 测量值填入表 7 - 27，计算电压放大倍数：$A_v = U_o/U_i = 4/U_i$。

4. 测绘功放电路的频响曲线

以 1 kHz、$U_o = 2V_{rms}$ 为基础，输入信号电压保持不变，频率分别为 20 Hz、100 Hz、200 Hz、1 kHz、5 kHz，测量输出电压 U_o 值，并绘制频响曲线。

(1) 测量输出电压，使其为 $U_o = 2$ V。

① 用交流毫伏表 3 V 挡测量 OTL 输出 U_o 端电压，同时调节信号发生器幅度旋钮，使交流毫伏表读数为 2 V。

② 此时信号频率为 1 kHz。

(2) 改变频率，测量频响特性。

① 保持 $U_o = 2$ V 不变，取下示波器夹子，其余连接不变。

② 调节信号发生器频率旋钮，使频率为 20 Hz。

③ 观察此时交流毫伏表读数，换 1 V 挡，读数约 0.8 V。将电压测量结果填入表 7 - 27。

④ 同样，调节信号发生器，使频率分别为 100 Hz、200 Hz、1 kHz、5 kHz，可以得到对应的输出电压 U_o 值，将输出电压值填入表 7 - 27。

⑤ 注意交流毫伏表量程的选择，指针位于满刻度 2/3 处时读数误差最小。

⑥ 随着频率的改变，喇叭的声音作相应的变化。

(3) 采用描点法绘制频响曲线。

五、调试报告

OTL 功放测试报告如表 7 - 27 所示。

表 7 - 27   OTL 功放测试

工作点测试	电源电压	$U_{CC} =$　V	中点电压	$U_A =$　V	静态电流	$I =$　mA
输出调试	输出电压	$U_o =$　V	信号频率	$f =$　Hz	最大输出功率	$P_o =$　W
放大器输入	输入电压	$U_i =$　V	信号频率	$f =$　Hz	电压放大倍数	$A =$
频率响应	信号频率	20 Hz	100 Hz	200 Hz	1 kHz	5 kHz
	输出电压					

续表

绘制频响特性曲线：

U_o

2.0

1.5

1.0

0.5

0

20　　50　　100　　200　　500　　1000　　2000　　5000

故障分析及处理情况：

完成人	

六、注意事项

（1）注意测量静态中点电压及静态电流时，输入端信号为零。

（2）调节最大不失真输出时，应在波形上、下一侧出现失真时，不再增加输入，调节 RP1 使上、下不失真后，再增大输入信号，然后重复调节，直至看到上、下同时失真时为最大不失真输出。

7.4.5　PWM(脉宽调制器)

一、实训目的

（1）了解新元器件的作用并理解 PWM(脉宽调制器)的工作原理。

（2）掌握双踪示波器、双路直流稳压电源的正确使用。

（3）掌握 PWM(脉宽调制器)测试电路的组建及调试方法并记录相关数据波形。

二、实训仪器

双路直流稳压电源、万用表及双踪示波器。

三、实训内容

1. 电路原理图

PWM(脉宽调制器)电路原理图如图 7-49 所示。

1—可变比较电压输出;2—三角波形成电路;3—滞回比较电路
4—开环运放比较电路;5—推挽输出电路;6—负载驱动电路。

图 7-49 PWM(脉宽调制器)电路原理图

2. 线路板图

PWM(脉宽调制器)线路板图如图 7-50 所示。

图 7-50 PWM(脉宽调制器)线路板图

3. 接线示意图

PWM(脉宽调制器)接线示意图如图 7-51 所示。

图 7-51　PWM(脉宽调制器)接线示意图

4. 实训要求

(1) 调整三角波频率和波形，要求 $f_o=1\ kHz\pm5\%$，$U_P=3\ V\pm10\%$，记录实测数据。

(2) 在报告中画出三角波波形图(F 点)和方波波形图(E 点)。

(3) 观察 D 点的调制波，记录调制度为 100%、50%、0% 时对应的给定电压值(A 点)、输出电压(D 点)和负载两端电压，并记录。

(4) 画出调制度为 50% 时 D 点的调制波波形图。

(5) 测量给定电压(A 点)范围和频率可调范围，并记录。

四、调试步骤

1. 调整三角波频率和波形

调整三角波频率和波形，要求 $f_o=1\ kHz\pm5\%$，$U_p=3\ V\pm10\%$，将实测数据填入表 7-28中。

(1) 检测工作台上的稳压电源和示波器。

① 此电路采用 $\pm12\ V$ 电源，首先调节稳压电源使其工作在主从电源跟踪状态，即左边的按键按下，右边按键弹出。此时从电源的输出和主电源保持一致，只要调节主电源即可。

② 使用万用表 DC 20 V 挡，测量稳压电源主电源一侧的接线柱(红色为"＋"，黑色为"－")，同时调节主电源的电压调节旋钮，使万用表读数为 12.00 V，此时从电源的输出也是 12.00 V。

③ 此前稳压电源的电流旋钮顺时针旋到底，若电源打开后有警示声说明电压为零，调节电压即可消除警示声。

④ 打开示波器，调节使其工作正常，注意各个旋钮的位置。

⑤ 关闭电源，连接线路。

（2）调整三角波的频率和幅度。

① 打开电源，此时电珠应该点亮。

② 用示波器观察 F 点的波形。

③ 先调节 RP3，使三角波的幅度 $U_p＝3$ V±10％，注意其频率也同时变化。

④ 再调节 RP2，使三角波的频率 $f_o＝1$ kHz±5％。

⑤ 波形为三角波，此时波形频率应为 1 kHz，周期为 1 ms。

记录坐标：横轴为 0.2 ms/格（5 格），纵轴为 1 V/格（6 格）。即正峰为 3 V，负峰为 −3 V，填入记录表 7‐28 中。

2. 画出三角波波形图（F 点）和方波波形图（E 点）

（1）接步骤 1，画出三角波波形。注意和示波器显示的波形相一致。

（2）画出方波波形，步骤如下：

① 连接电路，用示波器观察 E 点的波形。

② 画出方波的波形，此时波形频率和三角波的相同为 1 kHz，周期为 1 ms。

记录坐标：横轴为 0.2 ms/格（5 格），纵轴为 2 V/格（6 格），其峰‐峰值为 12 V。

注意：三角波波形图和方波波形图要用同一坐标单位。

3. 测量不同调制度时的电压值

观察 D 点调制波，记录调制度为 100％、50％、0％时对应的给定电压值（A 点），输出电压（D 点）和负载两端电压，填入表 7‐28 中。

（1）连接电路，用示波器观察 D 点的波形。D 点的波形随着调制度的改变而改变，同时可以看到负载电珠的明暗变化。

（2）调制度为 100％时：

① 电路连接保持不变，调节电位器 RP1，同时观察示波器所显示 D 点脉冲波形的变化，当波形刚刚变为一条直线（全高电平）时，即为调制度 100％时，灯泡最亮。

② 使用万用表 DC 20 V 挡分别测量 A 点、D 点和负载电珠上的电压，记录并填表。

③ 此时 A 点电压大约 4.02 V，D 点电压大约 5.01 V，负载电珠上电压大约 11.83 V。

注意，此时的 RP1 并没有旋到底。

（3）调制度为 50％时：

① 电路连接保持不变，调节电位器 RP1，同时观察 D 点脉冲波形的变化，当波形占空比相等时，即为调制度 50％时，灯泡变暗。占空比是高电平（正脉冲）所占周期时间与整个周期时间的比值。

② 使用万用表 DC 20 V 挡测量 A 点的电压，大约 −0.22 V，记录并填表。测量方法同前。

③ 使用万用表 AC 20 V 挡测量 D 点的电压，大约 5.51 V，记录并填表。注意是用交流电压挡。

④ 使用万用表 DC 20 V 挡测量负载电珠上的电压，大约 6.05 V，记录并填表。

（4）调制度为 0％时：

① 电路连接保持不变，调节电位器 RP1，同时观察示波器上 D 点脉冲波形的变化，当

波形刚刚变为一条直线(全低电平)时,即为调制度 0% 时,灯泡熄灭。

② 使用万用表 DC 20 V 挡分别测量 A 点、D 点和负载电珠上的电压,记录并填表。测量方法同前。

③ 此时 A 点电压大约 -4.12 V,D 点电压大约 -5.14 V,负载电珠上电压为 0 V 左右。

4. 画出调制度为 50% 时 D 点的调制波波形图

(1) 电路连接保持不变,重复前面第(3)步,调出调制度为 50% 时的 D 点波形。

(2) 此时波形频率为 1 kHz,周期为 1 ms。

记录坐标:横轴为 0.2 ms/格(5 格),纵轴为 2 V/格(5 格),其峰-峰值为 10 V。

画图时采用纵轴为 1 V/格(10 格)坐标。

5. 测量给定电压范围和频率可调范围

(1) 测量给定电压范围,连接电路。

① 使用万用表 DC 20 V 挡测量 A 点的电压。

② 调节 RP1,使其阻值从最小到最大变化,记录 A 点相对应的电压最小值和最大值,即给定电压范围。其值大约为 -4.5 V $\sim +4.5$ V,测量值填入表 7 - 28。

(2) 测量三角波频率范围,连接电路。

① 用示波器观察 F 点的三角波波形。

② 调节 RP2,使其阻值从最小到最大变化,观察波形的变化,记录其周期的最小值和最大值,换算成频率($f=1/T$),即三角波的频率范围。其周期大约为$(1\sim6.5)$格$\times0.2$ ms$=0.2\sim$1.3 ms,即其频率范围大约为 769~5000 Hz,填表。

(3) 调试结束后,把三角波恢复到 $f_0=1$ kHz$\pm5\%$,$U_p=3$ V$\pm10\%$ 的状态。

五、调试报告

PWM(脉宽调制器)测试报告如表 7 - 28 所示。

表 7 - 28　PWM(脉宽调制器)测试

三角波频率	Hz	三角波电压幅值	正　峰	V	负　峰	V
三角波波形图,方波波形图			调制度	100%	50%	0%
0			给定电压 (A 点)			
			输出电压 (D 点)			

三角波频率		Hz	三角波电压幅值	正 峰	V	负 峰	V
D 点调制度为 50％时调制波波形图				调制度	100％	50％	0％
0				负载两端电压			
				给定电压范围			
				三角波频率范围			
故障分析与处理情况：							
完 成 人							

六、注意事项

(1) 调试过程中,注意电源输出端不要短路。

(2) 刚通电时,波形不易察觉,需调节 RP3 后才能在示波器上观察到波形。调整波形时先保证幅度,再保证频率。画波形图时,注意基准线的选定。

7.4.6 数字频率计

一、实训目的

(1) 了解新元器件的作用并理解数字频率计的工作原理。

(2) 掌握双踪示波器、信号发生器及双路直流稳压源的正确使用。

(3) 掌握数字频率计测试电路的组建及调试方法并记录相关数据波形。

二、实训仪器

双路直流稳压电源、万用表、信号发生器及双踪示波器。

三、实训内容

1. 电路原理图

数字频率计电路原理图如图 7-52 所示。

图 7-52　数字频率计电路原理图

1—1 秒产生电路；2—单稳态复位电路；3—内部振荡电路；4—计数电路。

2. 线路板图

数字频率计线路板图如图 7 - 53 所示。

图 7 - 53 数字频率计线路板图

3. 接线示意图

数字频率计接线示意图如图 7 - 54 所示。

图 7 - 54 数字频率计接线示意图

4. 实训要求

(1) 调整闸门时间等于 1 s。(校正信号频率 1024 Hz, $U_{p-p}=10$ V)

(2) 检查频率测量误差。(检查频率 4000 Hz,记录实读数值,并计算相对误差)

(3) 调整振荡器,使最高频率为 6 kHz ±1 字,测量频率覆盖并记录。

(4) 画出最低振荡频率的实测波形图。

四、调试步骤

1. 调整闸门时间

调整闸门时间等于 1 s。(校正信号频率 1024 Hz, $U_{p\text{-}p}=10$ V)

(1) 检查线路板是否有短路、虚焊。

(2) 检查工作台上的稳压电源、信号发生器和示波器。

① 此电路采用 +5 V 电压,直接使用稳压电源 5 V 输出即可。

② 用万用表 DC 挡测量稳压电源 5 V 输出一侧的接线柱,万用表读数应该为 5.00±0.01 V。

③ 打开示波器,调节使其正常工作,注意各个旋钮的位置。

④ 打开函数信号发生器,调节信号发生器使其输出频率为 1024 Hz、幅度为 10 V 的信号(用万用表测量信号发生器输出信号的幅度)。

⑤ 关闭电源,准备接线。

(3) 调整闸门时间。

① 打开电源,数码管显示数字。

② 轻触自锁开关 SA 弹起,电路处于"外接"状态,在输入端(IN)输入一个频率为 1024 Hz, $U_{p\text{-}p}=10$ V 的方波,调节 RP1 使数码管显示为"1024"(±1 字误差),即闸门时间等于 1 s,记入表 7-29 中。

注意: RP1 的调节要小心,以防损坏。

2. 检查频率并计算测量误差

检查频率 4000 Hz,将实读数值填入表 7-29 中,并计算相对误差。

(1) 电路保持不变,调节信号发生器使信号的频率为 4000 Hz,幅度不变。

(2) 记录数码管显示的读数,大约为 3998 Hz,填入表 7-29 中。

(3) 计算相对误差。

$$相对误差 = \frac{测量值 - 实际值}{实际值} \times 100\%$$

3. 测量频率覆盖

调整振荡器使最高频率为 6 kHz±1 字,并测量频率覆盖,记入表 7-29 中。

(1) 轻触自锁开关 SA 按下(电路处于"内接"状态),信号发生器不接。

(2) 频率覆盖测调。

① 先调节 RP3 阻值为零(顺时针旋转到底),再调节 RP2,同时观察数码管的读数,使读数尽量接近 6 kHz±1 字,此时的频率即最高频率。RP2 的调节应小心进行,以免损坏。测量值填入表 7-29 中。

② 然后将 RP3 的阻值调到最大值(逆时针旋转到底),RP2 不用再调节,记录此时数码管显示的读数,即为最低频率。

其频率覆盖在 390~6000 Hz 左右。

4. 画出最低振荡频率的实测波形图

(1) 用示波器(2 V/div,1 ms/div)观测 TP2 点(OUT 端)的波形,即最低频率时信号的波形,画出波形(幅值 10 V、周期为 2.5 ms)。

注意:调节好的电位器不用再调节,确定 RP3 为最大值。

(2) 画出波形后计算最低频率是否与测得的最低频率相符合,允许误差。

五、调试报告

数字频率计测试报告如表 7 - 29 所示。

表 7 - 29　数字频率计测试

闸门时间 1 s	基准频率 1024 Hz		实测频率值　　　Hz		
频率测量误差	被测频率 4000 Hz		实测频率　　Hz		相对误差　　%
内接振荡器频率覆盖	最高频率调整 6000 Hz±1				最低频率　　Hz
最低频率电压时间波形图		周期　　ms			电压幅值　　V
波形图:					
故障分析及处理情况:					
完　成　人					

六、注意事项

（1）调试过程中，先外接信号发生器，再内接振荡器。

外接：4093 引脚 5、6 通。

内接：4093 引脚 5、6 不通。

（2）画波形时，注意基准线的选定和单位书写。

（3）调节最高频率 6000 Hz 时，一定要准确（作为基准）。

（4）当所有的调试工作完成以后，先切断总电源，再整理调试工作台，将仪器仪表归位，工具摆放整理，做好卫生清洁工作。

7.4.7　交流电压平均值转换器

一、实训目的

（1）了解新元器件的作用并理解交流电压平均值转换器的工作原理。

（2）掌握双踪示波器、双路直流稳压电源、交流毫伏表及信号发生器的配合使用。

（3）掌握交流电压平均值转换器测试电路的组建及调试方法并记录相关数据波形。

二、实训仪器

双路直流稳压电源、信号发生器、万用表、交流毫伏表及双踪示波器。

三、实训内容

1. 电路原理图

交流电压平均值转换器电路原理图如图 7-55 所示。

1—半波整流电路；2—交流平均值电路。

图 7-55　交流电压平均值转换器电路原理图

2. 线路板图

交流电压平均值转换器线路板图如图 7-56 所示。

图 7 - 56 交流电压平均值转换器线路板图

3. 接线示意图

交流电压平均值转换器接线示意图如图 7 - 57 所示。

图 7 - 57 交流电压平均值转换器接线示意图

4. 实训要求

（1）输出电压调零：要求万用表读数为 0.00±1 个字。

（2）调整满量程电压：输入 1 V、100 Hz 信号，用万用表测输出端电压，要求调到 1.000 V±1 个字。

（3）测量整流特性：输入 1 V、频率为 20 Hz 和 5 kHz 的信号，分别测量输出端电压并计算示值误差；输入频率为 100 Hz，幅度为 20 mV、200 mV、0.5 V、1 V 的信号，记录测量值并计算相对示值误差。

（4）测量交流波形（输入 100 Hz、1 V）。

① 断开 R7 和 C2，测量 A 点的输出波形，画出波形图。

② 接上 R7 再断开 R4、C2，测出 A 点电压波形，画出波形图。

③ 接上 R7 和 R4，断开 C2，测量 A 点电压波形，画出波形图。

④ 接上 C2，再测量 A 点电压波形，并画出波形图。

（5）仪器使用方法正确，读数正确。

（6）问题解答：

① 全波整流电路的原理及元件的作用是什么？

② 常用的交流数字电压表采用平均值响应、有效值读数，这种方式有何优点？

四、调试步骤

1. 输出电压调零，要求调到±1 个字

（1）检测工作台上的稳压电源、信号发生器和示波器。

① 此电路采用±12 V 电压，首先调节稳压电源使其工作在主从电源跟踪状态，即左边的按键按下，右边的按键弹出。

② 用万用表 DC 20 V 挡测量稳压电源主电源的接线柱，同时调节主电源的电压调节旋钮，使万用表读数为 12.00 V，此时从电源的输出也是 12.00 V。

③ 打开示波器，调节使其工作正常，注意各个旋钮的位置。

④ 打开信号发生器，用示波器检查其工作状态，注意各个旋钮的位置。

⑤ 关闭电源，连接线路。

（2）连接电路。

① 交流信号输入端（IN）的两根线短接。

② S1、S2、S3 的两根线两两连接。

（3）调零。

① 打开电源，使用万用表 DC 2 V 挡测量输出端（OUT）的电压。

② 调节电位器 RP2，使万用表读数为 0.00±1 个字。

③ 注意 RP2 易于损坏，调节时应小心，注意观察万用表的读数。

④ 调好后记录结果并填入表 7 - 30 中。

2. 调整满量程电压

输入 1 V、100 Hz 信号，用万用表测量输出端电压，要求调到 1.000 V±1 个字。

（1）连接电路，输入端（IN）接信号发生器，其余不变。

（2）调节满量程电压。

① 调节信号发生器，使其输出幅度为 1 V（平均值），频率为 100 Hz 的信号，接入电路的输入端（IN）。

② 可以使用交流毫伏表 3 V 挡（或万用表 AC 2 V 挡）测量信号发生器的输出信号幅度 1 V。

③ 使用万用表 DC 2 V 挡测量电路的输出端（OUT）电压，调节电位器 RP1，使万用表的读数为 1.000 V±1 个字。

④ 结果填入表 7 - 30 中。

3. 测量整流特性

（1）线性测量。输入 100 Hz，20 mV、200 mV、0.5 V 的信号，分别测量所对应的输出

电压,并计算相应的示值误差,记录数据。

① 电路连接保持不变。

② 调节信号发生器使其输出 100 Hz,0.5 V(用交流毫伏表 1 V 挡测量)的信号。使用万用表 DC 2 V 挡测量电路的输出电压,约为 0.5 V(500 mV),记录读数填入表 7 - 30 中。

③ 同样的方法,调节信号发生器使其输出 100 Hz,200 mV(用交流毫伏表 300 mV 挡测量)的信号。使用万用表 DC 2 V 挡测量电路的输出电压,约为 200 mV,记录读数填入表 7 - 30 中。

④ 同样的方法,调节信号发生器使其输出 100 Hz,20 mV(用交流毫伏表 30 mV 挡测量)的信号。使用万用表 DC 200 mV 挡测量电路的输出电压,约为 20 mV,记录读数填入表7 - 30 中。

⑤ 相对误差计算:

$$相对误差 = \frac{测量值 - 实际值}{实际值} \times 100\%$$

(2) 频响测量。输入 1 V,20 Hz 和 5 kHz 的信号,分别测量所对应的输出电压,并计算相应的示值误差,记录数据。

① 电路连接不变,调节信号发生器使其输出 1 V(用交流毫伏表 3 V 挡测量),20 Hz 的信号。

② 使用万用表 DC 2 V 挡测量电路的输出电压,约为 1.010 V(1010 mV),记录读数填入表 7 - 30 中。

③ 调节信号发生器使其输出 1 V(用交流毫伏表 3 V 挡测量),5 kHz 的信号。

④ 使用万用表 DC 2 V 挡测量电路的输出电压,约为 1.060 V(1060 mV),记录读数填入表 7 - 30 中。

⑤ 计算示值误差:

$$示值误差 = \frac{测量值 - 实际值}{测量值} \times 100\%$$

4. 测绘交流波形

(1) A 点的波形即输出端(OUT)的波形。

(2) 调节信号发生器,使其输出 100 Hz,1 V(用交流毫伏表 3 V 挡测量)的信号,用示波器观测 A 点(输出端 OUT)波形。

① 断开 R7 和 C2(S1 和 S2 断开,S3 连接),测出 A 点的波形,记录画图。

此时波形的频率是 100 Hz,周期是 10 ms,波形的峰-峰值为 2.8 V。

记录坐标:横轴为 2 ms/格(5 格),纵轴为 1 V/格(2.8 格)。

② 接上 R7(S1 连接),再断开 R4、C2(S2 和 S3 断开),测出 A 点的波形,记录画图。

此时波形的频率是 100 Hz,周期是 10 ms,其峰-峰值也是 2.8 V。

记录坐标:横轴为 2 ms/格(5 格),纵轴为 1 V/格(2.8 格)。

③ 接上 R7 和 R4(S1 和 S3 连接),断开 C2(S2 断开),测出 A 点的波形,记录画图。

此时波形的频率是 100 Hz,周期是 10 ms,其峰-峰值为 2.8V。

记录坐标:横轴为 2 ms/格(5 格),纵轴为 1 V/格(2.8 格)。

④ 接上 C2(S1、S2、S3 全连接),再测出 A 点的波形,记录画图。

实际的波形并不是一条水平直线,有一定的波动,近似为一条线。

五、调试报告

交流电压平均值转化器的测试报告如表 7 - 30 所示。

表 7 - 30　交流电压平均值转换器的测试

输入电压	20 mV	200 mV	0.5 V	1 V	0 V
读　数					
相对误差					
测量频带两端的示值误差	输入频率	示值误差		输入频率	示值误差
	20 Hz	%		5 kHz	%
整流波形图:					
1					
2					
3					
4					
问题解答及故障处理情况:					
完 成 人					

六、注意事项

(1) 电路原理图中开关所示的位置,在调试中一定要可靠地断开或连接。

(2) 调零或调满量程时一定要精确。

(3) 毫伏表在使用的过程中,一定要注意先换挡,再连线,然后打开电源;中间换连接点时,直接移红线或先撤红线,再撤黑线;连接时先接黑线,再接红线。

(4) 示波器应选择合适的挡位,特别是 R4、R7、C2 全接上时测量 A 点波形,应选择 DC 通道。

7.4.8 可编程控制器

一、实训目的

（1）了解新元器件的作用并理解可编程控制器的工作原理。

（2）掌握双踪示波器、双路直流稳压电源的正确使用。

（3）掌握可编程控制器测试电路的组建及调试方法并记录相关数据波形。

二、实训仪器

双路直流稳压电源、万用表及双踪示波器。

三、实训内容

1. 电路原理图

可编程控制器电路原理图如图 7-58 所示。

1—音频振荡电路；

2—置数/计数电路；

3—时钟振荡电路；

4—计数译码器。

图7-58 可编程控制器电路原理图

图 7-58 可编程控制器电路原理图

2. 线路板图

可编程控制器线路板图如图 7-59 所示。

图 7-59 可编程控制器线路板图

3. 接线示意图

可编程控制器接线示意图如图 7-60 所示。

图 7-60 可编程控制器接线示意图

4. 实训要求

(1) 计时、定时、报警功能调试正常。

(2) 调整时基振荡器频率(周期)1/6 Hz(6 s),并记录。

（3）测绘 A、B、C 三点的波形。

（4）检测报警振荡器的频率，并记录。

（5）仪器使用方法正确，读数正确。

四、调试步骤

1. 计时、定时、报警功能调试正常

（1）检测工作台上的稳压电源、示波器。

① 本电路采用 6 V 电压，使用万用表 DC 20 V 挡测量稳压电源主电源一侧的接线柱（红为"＋"，黑为"－"），同时调节主电源的电压调节旋钮，使万用表读数为 6.00 V。

② 打开示波器，调节使其工作正常，注意各个旋钮的位置。

③ 关闭电源，连接线路。

（2）计数（0～9）、置数（0～9）和报警功能检查。

打开电源，数码管点亮，原理说明：

① SA1 弹起（断开）计数，SA1 按下（接通）置数。

② SA2 弹起（断开）减计数，SA2 按下（接通）加计数。

③ S1 为四位 8421BCD 码置数拨码开关，往上拨置"1"，往下拨置"0"。本电路能置"0～9"十个数字，对应关系如表 7－31 所示。

表 7－31 十进制数和 8421BCD 码

十进制	8421BCD 码
0	0000
1	0001
2	0010
3	0011
4	0100
5	0101
6	0110
7	0111
8	1000
9	1001

功能测试如下：（由于计数频率的不同，数码管的变化有快和慢，测试需要耐心）

① 加法 0～9 计数。SA2 按下，SA1 弹起，可以看到数码管从 0 变到 9。

② 减法 9～0 计数。SA2 弹起，SA1 弹起，可以看到数码管从 9 变到 0。

③ 置数功能检查。拨动拨码开关(例如置数 5,拨码为 0101,即开关上的"2"和"4"往上拨),按下 SA1,数码管显示所置数字。

④ 报警功能检查。当减法计数到 0 时,计数结束,喇叭报警;或加法计数到 9 时,计数结束,喇叭报警。

功能检查结束,结果填入表 7 - 32。功能正常填写正常,若不正常则应检查电路故障。

注意:不要随意地去调节电位器 RP1,以防损坏。

2. 调整时基振荡器频率(周期)1/6 Hz(6 s)(可以用秒表测周期)

(1) 使电路处于计数状态,观察数码管变化的频率。

(2) 用秒表(时钟)记录数码管每个数字跳变的时间,例如从"2"跳变到"3"的时间。

(3) 调节电位器 RP1,使数字跳变的间隔为 6 s。RP1 顺时针调节频率变慢,时间变长;RP1 逆时针调节频率变快,时间变短。

注意:RP1 的调节应小心,以防损坏,每次旋转应小于 5 圈,用秒表计时后再旋转,不能一旋到底。

(4) 调节好频率后检查 1~9 计数时间应该为 48 s。

3. 测绘 A、B、C 三点的波形

(1) 观测 A 点的波形。

① 只有在报警状态下才有 A、B、C 三点的波形,首先使电路工作在报警状态,喇叭报警。

② 连接电路。示波器红色夹子接 A 点,黑色夹子接 GND(R6 的左端)。

③ 可以看到 A 点的波形,此时波形的频率大约为 1.82 kHz,周期为 0.55 ms。

记录坐标:横轴为 0.1 ms/格(5.5 格),纵轴为 2 V/格(3 格),其峰-峰值大约为 6 V。

④ 画图记录 A 点的波形,注意坐标和示波器上显示的波形保持一致。

(2) 观测 B 点的波形。

① 连接电路。

② 可以看到 B 点的波形正好和 A 点的波形相位相反。此时波形频率和幅度都不变,而且都是矩形波。

记录坐标:横轴为 0.1 ms/格(5.5 格),纵轴为 2 V/格(3 格)。

(3) 观测 C 点的波形。

① 连接电路。

② 可以看到 C 点的波形为锯齿波,此时波形频率和幅度和 A 点、B 点相同。

记录坐标:横轴为 0.1 ms/格(5.5 格),纵轴为 2 V/格(3 格)。

A、B、C 三点的波形频率和幅度相同,画图时使用统一坐标。注意 B 点的波形相位和 A、C 点波形相位相反。

4. 检测报警振荡器的频率

(1) 上步中测量的 A、B、C 三点的波形频率就是报警振荡器的频率。

(2) 选择任一波形,根据其周期计算其频率即可($f = 1/T$)。

(3) 报警振荡器频率约为 1.8 kHz,记录并填入表 7 - 32。

五、调试报告

可编程控制器测试报告如表 7-32 所示。

表 7-32　可编程控制器测试

项　　　目	计时：0.1～0.9 分	定时预置 0.1～0.9 分		报警
功能检查				
时基振荡频率 （周期）	Hz　　　s	报警振荡频率	kHz	
	RC 振荡器波形图：			
A 点				
B 点				
C 点				
故障分析及处理情况：				
完　成　人				

六、注意事项

(1) 调试中注意 SA1、SA2 的工作状态，验证线路板的功能。

(2) 画 C 点波形时应与 A、B 点的相位对准，并且 C 点波形注意基准线的位置。

第 8 章　SMT 及其应用

8.1　电子工艺现状及展望

随着信息化社会的迅猛发展以及电子信息技术的不断升级，电子信息产品越来越趋向于微型化、标准化、密度化、精度化，这对于应用型本科院校电子类教学无疑既是机遇又是挑战，而集高密度、高可靠性等特点于一体的 SMT 则成为电子工艺实训教学中的突破口之一，也给电子工艺实训教学提供了新课题。如何在电子工艺实训中引入 SMT？这是本章要探索与研究的内容。本章结合社会发展的现状、电子行业的发展，融合本科四年的专业学习以及初入社会的学习经验，对电子工艺实训中的 SMT 教学进行了系统化的探索与研究。

8.1.1　电子工艺实训的教学现状

电子工艺实训在理工科院校电子类专业实践教学过程中扮演着一个非常重要的角色，是一门具有很强工艺性、实践性的基础课程，同时它也是当代大学生提高自身工程实践能力和创新能力的重要途径之一。电子工艺实训课程具有内容丰富、实践性极强等鲜明特点，实际的电子产品的生产工艺是其实训的基础。电子工艺实训是高等院校培养电子信息类专业复合型人才的一个重要途径，可以提高学生的动手能力，培养出具有较高工程素质的人才。

该课程的主要实践任务是培养学生在电子线路工程设计方面以及实际操作中的基本能力，让学生们在高校学习期间就能熟悉相关电子元器件、了解电子工艺的常规知识、掌握最基本的装焊操作技能、认识电子信息类产品的生产过程，既方便学生日后在实验、课程设计等方面有所进步，也使得学生解决实际问题的能力得以提高，从而培养自我创新意识和严谨的工作作风。

目前高校在理工科类专业教学过程中已经越来越注重电子工艺实训的教学，各类高等院校也都在不断发展新兴的电子类实训中心，因此一大批先进的生产制造仪器设备被不断引进实训室，科学先进、高级尖端、创新创意已经渐渐成为这些实训中心的代名词。随着电子信息应用领域的发展革新，各行各业需要的是不仅仅掌握本专业相关知识，还具备一些实际操作技能的复合型人才。经过几年发展，各类实训中心的硬件设施虽然各有特色，但是在配套进行的教学改革、运行机制的构建方面，建设者的思路却是相似，重点都放在"理论结合实践""创新性实践训练"等一些较为普遍的教学改革上。这些对于学生们加强本专业的基础训练与技能培养方面固然都有着巨大的促进作用，但由于高校教学条件的限制，在课程设置、教材选用、教学方式方法等方面均还存在滞后于社会经济技术发展的情况，并都有或多或少的局限性。例如当今高等院校电子工艺实训的焊接部分主要还是针对分立元器件，很少涉及 SMT 表贴元器件的焊接，与社会发展严重脱节。

随着电子信息技术应用领域的不断升级革新，高等院校不仅应为各行各业提供掌握本专业相关知识的人才，还需要顺应企业发展，教学内容必须贴近企业生产实际。因此新的设备、新的工艺、新的方法尤为重要，高校应着眼于社会发展现状，培养学生分析问题和解决问题的基本能力，特别是学生就业后解决实践工程过程中的一线实际问题的能力。

8.1.2　SMT 简介及其发展趋势

表面贴装技术（Surface Mounted Technology）简称 SMT，其在当今的电子信息技术组装行业里，可谓是一门相当热门和流行的重要技术和工艺。在电子信息制造业蓬勃发展的今天，SMT 遍布社会各行各业，它是一种将传统的分立式电子元器件有效地压缩成体积甚小的一种无引线或短引线片状器件的技术。SMT 的蓬勃发展和快速普及，在某种意义上革新了一直以来传统类型的电子电路组装的概念，为现代电子信息类产品的小型化、轻便化创造了一个最基础的条件，同样成为现代电子信息类产品制造过程中不可或缺的重要技能之一。通过 SMT 贴装出来的相关电子信息类产品，其密度较之传统产品高出很多，体积也变得更小，可靠程度反而更高了，抗震能力也不断增强，高频特性更好。除此之外，这类产品焊点相当精密，缺陷程度也相对较低。在运用 SMT 的制造生产过程中，所用到的元器件的质量和体积都很小，大概都只是传统制造过程中用的插装式元器件质量和体积的十分之一，在运用 SMT 制造生产之后，电子信息类产品的体积整体缩小了 $40\% \sim 60\%$，重量也减轻了 $60\% \sim 80\%$。运用 SMT 制造生产时更易于实现电子信息类产品的自动化功能，易于提高先进的电子信息类制造业的生产效率。除此之外，其成本也大大降低，最低仅至原先的 $30\% \sim 50\%$，大大节约了能源、原材料、仪器设备、时间精力等。

在经济迅猛发展的今天，电子产品的制造业不断扩大升级，带动了电子行业的蓬勃发展，逐渐成为国民经济的支柱产业。我国电子信息类产品制造业的增长速度每年都达 20% 以上，规模也不断扩大，到 2016 年已跃居全球第一。而在中国电子信息产业蓬勃发展的大力推动下，SMT 和 SMT 制造生产线也都得到了飞速的发展和广泛的应用，并深入每个角落，SMT 的制造生产线中最为重要的仪器设备（SMT 贴片机）在我国的占有率也已经名列世界前位。

随着 SMT 的迅速普及和发展，企业和社会对高等院校毕业生相关的专业技能要求也愈来愈高。SMT 是未来电子发展领域必需的和最基础的技术，同时也是更能适应电子产品消费市场快速变化的巨大需求的技术。

8.1.3　电子工艺实训引入 SMT 的教学实践研究思路

本章基于电子信息相关专业本科四年的基础理论知识、结合实验实践和社会发展趋势对电子工艺实训中 SMT 教学建设进行探索与分析。本课题旨在将 SMT 先进技术引入电子工艺实训教学中，促进优质实践教学的资源整合、资源优化更新、资源共享，有力地提升实验和实训的整体水平，从而使学习者适应 SMT 高速发展和快速普及的形势，解决相关电子信息专业技术人才的缺乏对其发展的制约作用，形成应用型本科专业培养特色。

本章通过调研、探索、分析基于电子工艺实训的 SMT 教学建设的必要性，剖析了对电子工艺实训教学系统和施行方法的研究，在实践教学过程中贯穿模块化和层次化的教育教学理念，引入当代社会中流行的 SMT 工艺，辅之以理论教学，进一步完善电子工艺实训的考查考核机制。本章围绕"面向多专业"这一核心，构建了模块化的实践教学体系，做好社会人才培训服务，从而通过实践调研等对电子工艺实训的发展和创新模式进行探讨与分析。主要思路如下：

（1）通过企业调研、专家走访、电子类毕业生问卷调查等方式分析电子行业就业现状，以及 SMT 在电子行业的发展趋势与前景。

（2）通过分析了解目前高校电子工艺实训的教学建设情况。

（3）通过实验实践了解 SMT 生产的具体流程与可行性操作。

（4）通过实验探索分析出基于电子工艺实训的 SMT 实践教学建设思路。设想将现有的电子工艺实训和电子设计软件应用训练、课程设计等相结合，构成一套顺应当代电子信息技术发展的高校电子信息专业实训室建设方案、实训课程设计方案以及实训指导书。

（5）构建一个系统的实践教学环节，从而能够兼顾教学与生产，"基于工作过程导向"，建成教、学、做一体化电子工艺实训基地。

（6）通过实验实践试点教学，检验电子工艺实训中 SMT 教学取得的重要成果。

8.2　电子工艺实训中 SMT 的重要性分析

1. SMT 的应用领域及电子行业发展现状

电子信息类产品的小型化、轻便化以及集成化是现代电子信息技术革命的主要标志，亦是未来发展的基本方向。突飞猛进的高性能、高可靠性、高集成、小型化、轻量化的电子信息产品正在不断影响我们的生活，同时促进人类文明的发展，而这一切都将促使电子元器件组装工艺的革新。SMT 是实现电子信息类产品微型化和集成化的关键，是当前电子产品组装行业里最热门的一种核心技术和重要工艺。SMT 在计算机、通信设备等几乎所有的电子信息类产品生产中都得到了较为广泛的运用。在日益追求高密度、高精度、高性能电子产品的今天，SMT 无疑是在不断做出巨大的贡献，先进的电子产品均早已普遍采用 SMT，不仅如此，SMT 的应用领域不断扩大，已经几乎深入各行各业。从我国 SMD、传统器件产销量（表 8 - 1）可以很容易地看出 SMT 的影响正在无尽地扩张，故随着时间的推移，SMT 的应用将愈来愈普遍，电子行业的发展也将不断深化升级。

表 8 - 1　2014 年我国电子元器件产品产销指标

指标名称	计算单位	生产量		销售量	
		累计	增减比	累计	增减比
SMD	亿只	3015.4	53.4%	2901	57.9%
分立式器件	亿只	2326.2	-23.8%	2132.8	-30%

（数据来源：中经报告库）

2. SMT 的调研分析结论

在研究本次课题过程中，为更加深入地了解目前电子类毕业生的就业状况以及更真实、更具体地分析电子类企业的人才需求情况等，笔者走访了相关电子信息类企业（如艾尼克斯电子（苏州）有限公司、达富电脑（常熟）有限公司等），共计走访常熟地区的 21 家电子类企业，分析了这 21 家电子制造企业现阶段在其电子产品生产过程中焊接组装技术的详细情况。据了解，电子信息类产品主要分三个级别：普通类电子产品、专用服务类电子产品、高性能电子产品，而在这些电子产品制造过程中主要运用两种元器件焊接技术，一种是通过 SMT 贴装元器件，另一种是通过手插件波峰焊元器件。绝大部分电子制造型企业采用了 SMT 与手插件波峰焊相结合的生产车间，换言之，SMT 在绝大部分的电子产品中均有应用。具体分析结果如表 8－2 和表 8－3 所示。

表 8－2　样本电子企业中 SMT 与手插件波峰焊的比例分布（样本数：21）

项目	仅 SMT	仅手插件波峰焊技术	SMT 与手插件波峰焊技术两者结合
样本数	1	1	19
比例	4.76%	4.76%	90.48%

表 8－3　电子专业毕业生对 SMT 的了解状况有效问卷调查分析表（有效样本数：58）

项目	工作前对 SMT 了解程度			工作后对 SMT 了解程度		
	知道	熟悉	精通	知道	熟悉	精通
人数	17	1	0	58	58	48
比例	29.31%	1.72%	0	100%	100%	82.76%

总的来说，几乎所有的电子制造型企业都已普及 SMT，SMT 在电子制造业扮演着一个无可替代的角色。从电子专业毕业生的就业情况来看，绝大部分从事电子行业的同学在工作前对 SMT 了解甚少，而由于工作需要，对 SMT 的了解逐渐深入，同时绝大部分被调查者认为大学期间引入 SMT 很有必要，也很有用途。大家普遍认为在校期间的实践教学对工作后的上手速度有着不可忽视的影响。

8.3　SMT 实训基本要素

1. 指导思想

SMT 将过于繁琐的工艺过程简单便捷化，将高端的设备表面化，学生可在极短的时间里掌握 SMT 的基本操作过程，并亲自动手去实践，完成具有代表性的实用电子小产品的制作（例如微型 FM 电调谐收音机）。

2. SMT 实验产品

本次 SMT 实验采用的产品是微型 FM 电调谐收音机。

1）产品特点

微型 FM 电调谐收音机选用了电调谐单片 FM 收音机集成电路，调谐便利准确。收音机的接收频率在 87～108 MHz 之间，接收的灵敏度很高。同时它还有着小巧的外观，随身携带方便，电源范围大约为 1.8～3.5 V，当然充电电池（1.2 V）和一次性电池（1.5 V）都可以用于微型 FM 电调谐收音机。其内部装有静噪电路，抑制了调谐过程当中可能产生的噪声，该产品结合了 SMT 贴片和 THT 插件工序，这样既兼顾了传统教学模式，又引入了 SMT 的创新技术，是电子工艺实训产品的首选。

2) 产品工作原理

微型 FM 电调谐收音机以单片机收音机集成电路 SC1088 作为其核心电路。它采用了一种特别的低中频(70 kHz)技术，在外围电路中，中频变压器和陶瓷滤波器也都被省略了，其电路简化单一，方便可靠，调试便利。核心集成电路 SC1088 采用 SOT16 封装，表 8-4 是其引脚功能，图 8-1 是其电路原理图，图 8-2 是收音机装置图。

表 8-4　集成电路 SC1088 的引脚功能

引脚	功　　能	引脚	功　　能
1	静噪输出	9	IF 输入
2	音频输出	10	IF 限幅放大器的低通电容器
3	AF 环路滤波	11	射频信号输入
4	V_{CC}	12	射频信号输入
5	本振调谐回路	13	限幅器失调电压电容
6	IF 反馈	14	接地
7	1 dB 放大器的低通电容器	15	全通滤波电容搜索调谐输入
8	IF 输出	16	电调幅 AFC 输出

图 8-1　SC1088 电路原理图

(a) SMT贴片安装图

(b) THT插件安装图

(c) SMT、THT综合安装图

图 8-2　收音机装置图

3. SMT 实训操作构成

SMT 是一项工艺相对复杂的系统工程，主要包含了贴片元器件、组装基板、组装原材料、SMT 组装工艺、SMT 检测技术、组装和检测的仪器设备、控制和管理技术等。制作 FM 微型收音机利用 SMT 和 THT 插件来完成，整个制作工艺流程如图 8-3 所示。

图 8-3　制作工艺流程图

实验仪器如图 8-4 所示。实验成品如图 8-5 所示。

(a) 锡膏印刷机

(c) 手动贴片台

(d) 回流焊接炉

(b) SPI自动光学检测

图 8-4　实验仪器

(a) 贴片成品

(b) THT成品

(c) 实验成品

图 8-5　实验成品

8.4　SMT 实训教学模块简介

1. SMT 实训教学内容

1）SMT 实训的目的与意义

自 21 世纪以来，电子信息产品制造业蓬勃发展，以 SMT 为标志的微型化、精密智能化电子组装技术得到了快速发展，相关企业对专业人才技能的需求也不断调整。SMT 是一门包含了元器件、原材料、仪器设备、操作工艺和表面组装电路的基板设计与制造的系统性的综合性技术，是第四代组装方法，其突破了传统印制电路板采用的通孔基板插装元器件的方式。SMT 是目前最流行的电子信息类产品更新换代的新概念，也是实现电子信息类产品"轻、薄、短、小"、多功能、高可靠性、质量优、成本低的重要手段之一。SMT 是又一个重要的基础性产业，其追求先进性，强调实用性，保持统一性与多样性。而目前的电子工艺实训的人才培养模式，在现行的电子信息行业发展体制下已很不适应，对下游应用型制造业的大发展造成了较不利的影响，也会切实造成学生就业与企业招聘人才的尖锐矛盾。为紧随时代的发展步调，紧密贴近企业生产实际需求，满足电子信息技术不断发展的需要，高等院校应面向基层群众，培养出具备现代化科技与管理知识的应用型工程技术人才，通过 SMT 的理论知识到技术应用实践的学习能使学生职业能力和职业素质得到很好的培养，以适应企业岗位的要求。

2）SMT 工艺实训的主要内容

SMT 工艺实训环节主要包括元器件、基板、材料、工艺、设计、测试、设备、管理工程等内容，如图 8-6 所示。

图 8-6　SMT 工艺实训的基本环节

3）SMT 实训场地及器材

本次调研分析以常熟理工学院实训中心为主要实训场地，器材有：

（1）焊膏印刷机（全班共用）。

（2）SPI 自动光学检测仪（全班共用）。

（3）手动贴片台（两人一组，分批使用）。

（4）点胶机（两人一组共同使用）。

（5）回流焊接炉。

（6）检测仪器（如万用表等）。

（7）放大镜、台灯（两人一组共用）。

（8）元件盘、镊子等。

（9）防静电手套。

（10）实训产品（建议以电调谐 FM 收音机为主要实训产品）。

4）SMT 实训工艺流程

SMT 实训工艺流程如图 8-7 所示。

图 8-7 SMT 实训工艺流程

5）SMT 实训步骤

（1）元器件清点检查。

① 检查印制板是否完整。

② 检查结构件的品种、规格、数量。

③ 检测 THT 组件是否有损坏。

（2）焊膏印刷。

① 选用正确的刮刀、锡膏。

② 检查印刷丝网是否正确。

③ 检查丝网印刷机工作是否正常。

④ 正常印刷焊膏。

（3）SPI 自动光学检测。

① 打开自动光学检测仪。

② 调好检测程序。

③ 将印刷锡膏后的 PCB 传送到自动光学检测仪中进行锡膏检测。

（4）手动贴片台贴片。

① 将印刷焊膏后的 PCB 安装到工装上。

② 将贴片元器件送至指定位置。

③ 设定贴片位置。

④ 正确贴片。

⑤ 完成贴片。

（5）回流焊接。

① 调整回流炉的进板宽度。

② 设定好回流炉各温区（预热区、保温区、回流区、冷却区）。

③ 将贴片完成后的 PCB 送至指定位置进入回流炉进行回流焊接。

（6）AOI 检测。

针对回流焊接后的 PCB 进行焊接质量判定。

（7）THT 组装。

① 在 SMD 贴片完成后，进行 THT 元器件检测。

② 对 THT 元器件进行组装。

（8）整机调试组装。

① 完成其他零件的组装。

② 针对组装后的产品进行整机调试。

（9）完成实验。

2. SMT 实训要求

（1）掌握 SMT 元器件的分类与认知。

（2）了解 SMT 的特点。

（3）掌握 SMT 印制板设计与制作技术。

（4）学习 SMT 实训工艺流程，掌握 SMT 技术的基本工艺过程。

（5）熟悉并掌握 SMT 技术中最基本的操作技能。

（6）掌握电子产品电路系统的原理，掌握其检测、调试方法。

（7）初步学习电子产品的检测、调试方法，学会识读产品图纸、电路图等文档。

（8）学生独立分析解决实验过程中暴露出的问题。

（9）从实验目的、原理、步骤、数据分析、实验总结等方面完成规范的实验报告。

3. SMT 生产要素

（1）根据 SMT 生产要求编制工艺流程。

（2）SMT 检取的位置：供料器的形式、位置以及元件的封装。

（3）SMT 贴片机对中处理：机械对中、光学对中、飞行对中。

（4）SMT 贴片位置：以 MARK 点为基准点，根据 X、Y、θ、原点坐标进行贴片位置的定位。

（5）SMT 贴片吸嘴：包括吸嘴的型号、位置。

（6）贴片头吸嘴与基板的高度。

（7）基板的平整度、基板的支撑。

（8）贴片准确性：根据 IPC 标准进行。

4. SMT 实训学时安排

结合电子类专业本科教学情况及实验过程分析，可对 SMT 实训教学相关内容以及学时进行安排,如表 8-5 所示。

表 8-5 SMT 实训学时安排

实 训 内 容	地　　点	学时数
实训动员、安全教育	电子电工理论实训室	2
SMT 理论知识讲解及防静电知识	电子电工理论实训室	8
电子产品的制作工艺流程简介	SMT 实训室	4
实训产品原理及结构介绍	电子电工理论实训室	6
元器件识别与检测	SMT 实训室	4
SMT 工艺培训	SMT 实训室	8
SMT 设备操作	SMT 实训室	6
根据 SMT 工艺流程完成实训产品(FM 收音机)的 SMT 部分	SMT 实训室	12
完成实习产品的 THT 插件组装部分	电子工艺实训室	6
整机调试与总装	电子工艺实训室	6
验收考核	电子工艺实训室	4
总　　计		66

5. SMT 实训模式及考核办法

本课程主要采用传统理论教学与实践操作相结合的教学手段,学生完成理论学习、实践操作后,进行实训产品功能调试,并完成实训报告。

本课程的学生综合成绩由平时出勤成绩、理论考核成绩、实践操作成绩、实训产品调试考核四部分组成,其中平时出勤占总成绩的 10%,理论考核成绩占总成绩的 20%,实践操作成绩占总成绩的 50%,实训产品调试考核占总成绩的 20%。

整机实物考核参考国家电子装配工中级考核标准进行。

第三篇　PLC 控制实训

第 9 章　PLC 控制基础项目

中级维修电工实训考核装置吸收了国内外先进教学仪器的优点，充分考虑了实验室的现状和未来的发展趋势，从性能上和结构上进行了创新，实验室布局合理，使用方便灵活。对实验中所涉及的电源、仪器仪表均采取可靠保护，同时设置了可靠的人身安全保护体系，该实验装置上装有实训操作网板，网板采用活动结构，可取下安装，安装好后再装上进行布线调试。其使用方便、安全可靠，能满足学生对电器的安装、接线工艺、电路分析、熟悉机械电气控制线路的实验、故障分析等技能训练的需要，是各应用型院校实验实训室建设的最佳选择。实验装置的介绍见附录。

9.1　可编程控制器的基本指令编程练习

一、实训目的

(1) 熟悉 PLC 实验装置。

(2) 练习手持编程器的使用。

(3) 熟悉系统操作。

(4) 掌握与、或、非逻辑功能的编程方法。

(5) 掌握定时器、计数器的正确编程方法，并学会定时器和计数器的扩展方法。

二、实训预习要求

(1) 熟悉手持编程器的使用方法。

(2) 根据实验内容编写实验程序。

三、实训器材

(1) 三菱可编程控制器。

(2) 三菱手持编程器。

(3) 教学实验设备(基本指令编程练习的实验设备面板如图 9-1 所示)。

图 9-1 中下面两排接线孔，通过防转叠插锁紧线与 PLC 的主机相应的输入输出插孔相接，Xi 为输入点，Yi 为输出点。图中中间两排 X0～X13 为输入按键，模拟开关量的输入；中间一排 Y0～Y7 是 LED 指示灯，接继电器输出，用以模拟输出负载的通与断。图中上方为两位十进制数码计数器。

图 9-1　教学实验设备面板

四、实训原理

本实验使用 PLC 的 X、Y、M、C、T、S 等编程元件和基本逻辑指令进行编程操作，通过显示区显示的结果，从而验证对其内部元件的正确使用方法。

五、实训内容

1. 与或非逻辑功能实验

（1）走廊灯两地控制。

资源分配如表 9-1 所示。

表 9-1　走廊灯两地控制资源分配

信号作用	输入信号	控制对象	输出信号
楼下开关	X001	走廊灯	Y000
楼上开关	X003		

控制要求：楼上楼下开关均可实现对走廊灯的点亮或熄灭。

（2）走廊灯三地控制。

资源分配如表 9-2 所示。

表 9-2　走廊灯三地控制资源分配

信号作用	输入信号	控制对象	输出信号
走廊东侧开关	X001	走廊灯	Y000
走廊中间开关	X003		
走廊西侧开关	X005		

控制要求：走廊东、西、中间开关均可实现对走廊灯的点亮或熄灭。

2. 定时器/计数器功能实验

（1）通电断电延时控制。

资源分配如表 9-3 所示。

表 9-3　通电断电延时控制资源分配

信号作用	输入信号	控制对象	输出信号
开关	X001	显示器	Y000

控制要求时序图如图 9-2 所示。

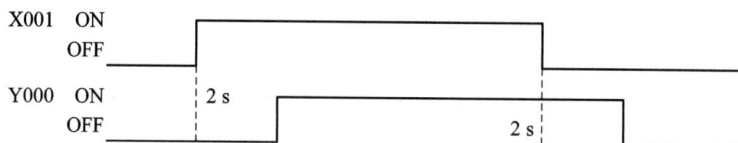

图 9-2　定时器/计数器功能控制要求时序图

（2）闪光报警控制。

资源分配如表 9-4 所示。

表 9-4　闪光报警控制资源分配

信号作用	输入信号	控制对象	输出信号
开关	X001	报警灯	Y000

控制要求时序图如图 9-3 所示。

图 9-3　闪光报警控制要求时序图

（3）按键计数控制。

资源分配如表 9-5 所示。

表 9-5　按键计数控制资源分配

信号作用	输入信号	控制对象	输出信号
按键	X000	信号灯	Y000

控制要求：按键按下三次信号灯亮；再按两次，信号灯灭。

（4）定时器扩展实验。

资源分配如表 9-6 所示。

表 9-6　定时器扩展实验资源分配

信号作用	输入信号	控制对象	输出信号
启动	X000	定时到显示	Y000

控制要求:利用定时器和计数器完成 2 min 定时,其中定时器定时时间为 10 s,定时时间到后显示 3 s 后自动关断。

六、结果分析

按照控制要求画出梯形图,并写出相应的指令表程序。

七、思考题

设计一个实验用以验证脉冲输出指令。

9.2 装配流水线控制的模拟

一、实训目的

了解移位和循环移位功能指令在控制系统中的应用及其编程方法。

二、实训预习要求

(1)掌握移位和循环移位功能指令的编程方法。
(2)完成装配流水线模拟控制的程序。

三、实训器材

(1)三菱可编程控制器。
(2)三菱手持编程器。
(3)教学实验设备(装配流水线控制实验区面板如图 9-4 所示)。

图 9-4 装配流水线控制实验区面板

四、实训原理

利用移位和循环移位功能指令实现单序列功能表图的编程,可简化程序设计。具体地说，就是通过移位方式来完成转换，只要保证代表各工步的编程元件只有一个为"1"状态即可，若有多个工位为活动状态，可采用块移位的操作方式实现。

五、注意事项

在实验区示意图中上部的 A～H 表示动作输出(用 LED 发光二极管模拟)；下部的 A、B、C、D、E、F、G、H 插孔分别接 PLC 的输出点，启动、移位、复位插孔分别接 PLC 的输入点。

六、实训内容

资源分配如表9-7所示。

表 9-7　装配流水线控制模拟资源分配

信号作用	输入信号	控制对象	输出信号	控制对象	输出信号
启动	X000	A	Y000	E	Y004
移位	X001	B	Y001	F	Y005
复位	X002	C	Y002	G	Y006
		D	Y003	H	Y007

控制要求：传送带共有十六个工位，D、E、F、G 各有四个工位，工件从 1 号位装入，分别在 A(操作 1)、B(操作 2)、C(操作 3)三个工位完成三种装配操作，其他工位均用于传送工件，工件经最后一个工位后送入仓库，物流操作由移位控制键实现。

七、结果分析

根据控制要求完成梯形图和相应的指令表程序，并验证程序的正确性。

八、思考题

对于含有选择序列的较复杂的功能表图，是不是也可以采用移位的方式编程？为什么？

9.3　三相异步电动机的星/三角换接启动控制

一、实训目的

(1) 掌握电动机星/三角换接启动主回路的接线。

(2) 学会用叫编程控制器实现电动机星/三角换接降压启动过程的编程方法。

二、实训预习要求

(1) 熟悉电动机星/三角启动工作原理。

(2) 编写电动机星/三角换接降压启动控制程序。

三、实训器材

(1) 三菱可编程控制器。

(2) 三菱手持编程器。

(3) 教学实验设备(三相异步电动机的星/三角换接启动控制实验区面板如图 9-5 所示)。

图 9-5　三相异步电动机的星/三角换接启动控制实验区面板

四、实训原理

由于电动机正反转换接时,有可能因为电动机容量较大或操作不当等原因,使接触器主触头产生较为严重的起弧现象,如果电弧还未完全熄灭时反转的接触器就闭合,则会造成电源相间短路。用 PLC 来控制电动机则可避免这一问题。

五、注意事项

接通电源之前,将三相异步电动机的星/三角换接启动实验模块的开关置于"关"位置(开关往下扳)。因为一旦接通三相电,只要开关置于"开"位置(开关往上扳),这一实验模块中的 U、V、W 端就已通电。所以请在连好实验接线后,再将这一开关接通,要千万注意人身安全。

六、实训内容

资源分配如表 9-8 所示。

表 9-8　电动机星/三角换接启动控制资源分配

信号作用	输入信号	控制对象	输出信号
SS(启动)	X000	KM1	Y001
ST(停车)	X001	KM2	Y002
FR(过载保护)	X002	KM3	Y003

控制要求:合上启动按钮后,延时 1 s 后电机先作星形连接启动,工作 5 s 后进行换接,延时 0.5 s 后自动换接到三角形连接运转。注意 KM2、KM3 必须互锁。

实验装置已将三个 CJ0-10 接触器的触点引出至面板上，学生可按图示的粗线，用专用实验连接导线连接。三相市电已引至三相开关 SQ 的 U、V、W 端。A、B、C、X、Y、Z 与三相异步电动机(400 W)的相应六个接线柱相连。将三相闸刀开关拨向"开"位置，三相 380 V 市电就接通电动机。

七、结果分析

按照控制要求画出梯形图，写出相应的指令表程序，并验证其正确性。

八、思考题

若采用继电器，控制系统应如何设计？画出相应的电气图。

9.4　五相步进电动机控制的模拟

一、实训目的

掌握采用 PLC 实现对步进电动机进行控制的方法。

二、实训预习要求

(1) 熟悉步进电动机的工作原理。

(2) 根据五相步进电动机的工作特点模拟环形分配器，完成程序编制。

三、实训器材

(1) 三菱可编程序控制器。

(2) 三菱手持编程器。

(3) 教学实验设备(五相步进电动机的模拟控制实验区面板如图 9-6 所示)。

四、实训原理

利用顺序控制的设计思路实现该控制任务。

五、注意事项

接线时，下部的 A、B、C、D、E 分别接 PLC 的输出

图 9-6　五相步进电动机的模拟控制实验区面板

点，同时用上部的发光二极管模拟步进电动机五个绕组的通电状态；SD 接 PLC 的输入点。

六、实训内容

资源分配如表 9-9 所示。

表 9-9　步进电动机控制模拟的资源分配

信号作用	输入信号	控制对象	输出信号	控制对象	输出信号
		A	Y001	D	Y004
SD(启动)	X000	B	Y002	E	Y005
		C	Y003		

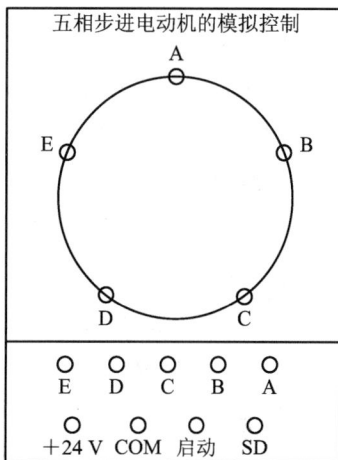

控制要求：对五相步进电动机的五个绕组依次自动实现如下方式的循环通电控制：

第一方式：A—B—C—D—E。

第二方式：A—AB—BC—CD—DE—EA。

第三方式：AB—ABC—BC—BCD—CD—CDE—DE—DEA。

第四方式：EA—ABC—BCD—CDE—DEA。

实验中要求实现以上四种控制模式中的任意两种，每拍间隔 2 s。

七、结果分析

按照控制要求画出功能表图、梯形图，并写出相应的指令表程序。记录以上四步的现象，分析步进电动机各处于何种工作节拍下。

八、思考题

如采用此种控制方法，则提高步进电动机的转速受哪些因素限制？

9.5 十字路口交通灯控制的模拟

一、实训目的

熟练使用各基本指令，根据控制要求，掌握 PLC 的编程方法和程序调试方法，了解用 PLC 解决一个实际问题的全过程。

二、实训预习要求

按照控制要求采用顺序控制的思想完成程序编制。

三、实训器材

(1) 三菱可编程控制器。

(2) 三菱手持编程器。

(3) 教学实验设备(十字路口交通灯模拟控制实验区面板如图 9-7 所示)。

图 9-7 十字路口交通灯模拟控制实验区面板

四、实训原理

验证顺序控制中的步进顺控指令的编程方式。

五、注意事项

接线时，东西、南北的红、黄、绿灯分别接 PLC 的输出点，同时上部用发光二极管模拟显示其状态；SD 接 PLC 的输入点。

六、实训内容

资源分配如表 9－10 所示。

表 9－10　十字路口交通灯控制模拟资源分配

信号作用	输入信号	控制对象	输出信号	控制对象	输出信号
SD（启动）	X000	1 绿（南北）	Y000	2 绿（东西）	Y003
		1 黄（南北）	Y001	2 黄（东西）	Y004
		1 红（南北）	Y002	2 红（东西）	Y005
		车（南北）	Y006	车（东西）	Y007

注：小车的控制可以不加考虑。

控制要求：信号灯受一个启动开关控制，当启动开关接通时，信号灯系统开始工作，且先南北绿灯亮，东西红灯亮。当启动开关断开时，所有信号灯都熄灭。

南北绿灯亮维持 5 s，此时东西红灯亮并维持 10 s。南北绿灯亮 5 s 后，闪亮 3 s 后熄灭，黄灯亮，并维持 2 s，结束后黄灯熄灭，红灯亮，同时，东西红灯熄灭，绿灯亮。

东西绿灯亮维持 5 s，此时南北红灯亮并维持 10 s。东西绿灯亮 5 s 后，闪亮 3 s 后熄灭，黄灯亮，并维持 2 s，结束后黄灯熄灭，红灯亮。同时，南北红灯熄灭，绿灯亮，周而复始。该过程时序图如图 9－8 所示。

图 9－8　十字路口交通灯控制时序图

七、结果分析

按照控制要求画出功能表图、梯形图，并写出相应的指令表程序，验证其正确性。

八、思考题

该项目采用经验设计法应如何实现？

9.6　液体混合装置控制的模拟

一、实训目的

熟练使用各条基本指令，通过对工程实例的模拟，熟练地掌握 PLC 的编程和程序调试。

二、实训预习要求

按照控制要求完成程序编制。

三、实训器材

（1）三菱可编程控制器。

（2）三菱手持编程器。

（3）教学实验设备（液体混合装置的模拟控制实验区面板如图 9-9 所示）。

图 9-9　液体混合装置的模拟控制实验区面板

四、实训原理

验证液体混合装置的模拟控制效果。

五、注意事项

接线时，液面传感器 SL1、SL2、SL3 用钮子开关来模拟，启动、停止用动合按钮来实现，接 PLC 的输入触点；液体 A 阀门、B 阀门、混合液阀门的打开与关闭以及搅匀电动机的运行与停转，都通过 PLC 的输出触点连接，并用发光二极管的点亮与熄灭来模拟。

六、实训内容

资源分配如表 9-11 所示。

表 9 - 11　液体混合装置控制模拟资源分配

信号作用	输入信号	控制对象	输出信号
SB1（启动）	X000	YV1	Y000
SB2（停止）	X001	YV2	Y001
SL1	X002	YV3	Y002
SL2	X003	YKM	Y006
SL3	X004		

控制要求：本装置为两种液体混合装置，SL1、SL2、SL3 为液面传感器，液体 A、B 阀门与混合液阀门由电磁阀 YV1、YV2、YV3 控制，M 为搅匀电动机。具体控制过程如下：

（1）初始状态。装置投入运行时，液体 A、B 阀门关闭，混合液阀门打开 20 s 将容器放空后关闭。

（2）启动操作。按下启动按钮 SB1，装置就开始按以下约定的规律操作：

液体 A 阀门打开，液体 A 流入容器。当液面到达 SL2 时，SL2 接通，关闭液体 A 阀门，打开液体 B 阀门。液面到达 SL1 时，关闭液体 B 阀门，搅匀电动机开始搅匀。搅匀电动机工作 1 min 后停止搅动，混合液体阀门打开，开始放出混合液体。当液面下降到 SL3 时，SL3 由接通变为断开，再过 20 s 后，容器放空，混合液阀门关闭，开始下一周期。

（3）停止操作。按下停止按钮 SB2 后，在当前的混合液操作处理完毕后，才停止操作（停在初始状态上）。

七、结果分析

按照控制要求画出功能表图、梯形图，并写出相应的指令表程序，验证其正确性。

八、思考题

如何修改程序以满足液体混合步骤的灵活性？

9.7　电梯控制系统的模拟

一、实训目的

（1）通过对工程实例的模拟，熟练地掌握 PLC 的编程方法。
（2）进一步熟悉 PLC 的 I/O 连接。
（3）熟悉三层楼电梯采用轿厢外按钮控制的编程方法。

二、实训预习要求

（1）了解电梯的控制思想。
（2）编制实验程序。

三、实训器材

（1）三菱可编程控制器。
（2）三菱手持编程器。
（3）教学实验设备（电梯控制系统的模拟控制实验区面板如图 9 - 10 所示）。

图 9-10 电梯控制系统的模拟控制实验区面板

四、实训原理

采用经验设计法设计控制程序。

五、注意事项

层指示、层呼叫指示、上升、下降分别接 PLC 的输出触点,并用发光二极管和 12 V 灯来模拟其状态;层间行程开关、层呼叫按钮分别接 PLC 的输入触点。

六、实训内容

资源分配如表 9-12 所示。

表 9-12 电梯控制系统模拟资源分配

信号作用	输入	控制对象	输出
SQ3(行程开关)	X000	L3(层指示)	Y000
SQ2(行程开关)	X001	L2(层指示)	Y001
SQ1(行程开关)	X002	L1(层指示)	Y002
SB3(层呼叫)	X003	UP(向上)	Y003
SB2(层呼叫)	X004	DOWN(向下)	Y004
SB1(层呼叫)	X005	A3(呼叫指示)	Y005
		A2(呼叫指示)	Y006
		A1(呼叫指示)	Y007

控制要求：熟悉采用轿厢外按钮控制的电梯工作原理及控制要求。电梯由安装在各楼层厅门口的呼叫按钮进行操纵，其操纵内容为呼叫电梯、电梯运行方向和停靠楼层。每层楼设有呼叫按钮 SB1～SB3，指示灯 L1 指示电梯在底层与二层之间运行、L2 指示电梯在二层与三层之间运行、L3 指示电梯在三层与二层之间运行、SQ1～SQ4 为到位行程开关。电梯上升途中只响应上升呼叫，下降途中只响应下降呼叫，任何反方向的呼叫均无效。模拟开关 SB1、SB2、SB3 分别与 X005、X004、X003 相连；SQ1、SQ2、SQ3 分别与 X002、X001、X000 相连。输出端可不接输出设备，而用输出指示灯的状态来模拟输出设备的状态。

过程分析如下：

(1) 电梯在一、二、三层楼分别设置一个呼叫按钮和一个行程开关。在行程开关 SQ1、SQ2、SQ3 都断开的情况下，呼叫不起作用。

(2) 用指示灯模拟电梯的运行过程。

① 从一层到三层：接通 X002 即接通 SQ1，表示轿厢原停楼层为 1 层，按 SB3，即 X003 接通一下，表示呼叫楼层 3，则 Y005 接通，三层呼叫指示灯亮，Y004 接通，表示电梯上升，过 1 s 后，Y002 接通，底层指示灯亮，3 s 后 Y002 断开，则底层指示灯灭。断开 X002 即断开 SQ1，3 s 后 Y001 接通，二层指示灯亮，过 2 s 后 Y001 断开，二层指示灯灭。又过 3 s，到达三层，Y000 接通，三层指示灯亮，再过 2 s，Y004 断开，电梯上升指示灯灭。

② 从三层到一层：接通 X000 即接通 SQ3，表示轿厢原停楼层为 3 层，按 SB1，即 X005 接通一下，表示呼叫楼层 1，则 Y007 接通，一层呼叫指示灯亮，Y003 接通，表示电梯下降，过 1 s 后，Y000 接通，三层指示灯亮，3 s 后 Y000 断开，则三层指示灯灭。断开 X000 即断开 SQ3，3 秒后 Y001 接通，二层指示灯亮，过 2 s 后 Y001 断开，二层指示灯灭。又过 3 s，到达底层，Y002 接通，底层指示灯亮，再过 2 s，Y003 断开，电梯下降指示灯灭。

③ 从一层到二层：接通 X002 即接通 SQ1，表示轿厢原停楼层为 1 层，按 SB2，即 X004 接通一下，表示呼叫楼层 2，则 Y006 接通，二层呼叫指示灯亮，Y004 接通，表示电梯上升，过 1 s 后，Y002 接通，底层指示灯亮，3 s 后 Y002 断开，则底层指示灯灭。断开 X002 即断开 SQ1，3 s 后 Y001 接通，二层指示灯亮，再过 2 s，Y004 断开，电梯上升指示灯灭。

④ 从一层到二、三层：接通 X002 即接通 SQ1，表示轿厢原停楼层为 1，同时按 SB2、SB3，即 X003、X004 同时接通一下，表示 2、3 楼层同时呼叫，则 Y005、Y006 都接通，二、三层呼叫指示灯亮，Y004 接通，表示电梯上升，过 1 s 后，Y002 接通，底层指示灯亮，3 s 后 Y002 断开，则底层指示灯灭。断开 X002 即断开 SQ1，3 s 后接通 X001 即接通 SQ2，1 s 后 Y001 接通，二层指示灯亮，过 2 s 后 Y001 断开，二层指示灯灭。断开 X001 即断开 SQ2，3 s 后 Y000 接通，三层指示灯亮，再过 2 s，Y004 断开，电梯上升指示灯灭。

⑤ 从二层到一层：接通 X001 即接通 SQ2，表示轿厢原停楼层为 2 层，按 SB1，即 X005 接通一下，表示呼叫楼层 1，则 Y007 接通，底层呼叫指示灯亮，Y003 接通，表示电梯下降，过 1 s 后，Y001 接通，二层指示灯亮，3 s 后 Y001 断开，则二层指示灯灭。断开 X001 即断开 SQ2，3 s 后 Y002 接通，底层指示灯亮，再过 2 s，Y003 断开，电梯下降指示灯灭。

⑥ 从二层到三层：接通 X001 即接通 SQ2，表示轿厢原停楼层为 2 层，按 SB3，即

X003 接通一下，表示呼叫楼层 3，则 Y005 接通，三层呼叫指示灯亮，Y0034 接通，表示电梯上升，过 1 s 后，Y001 接通，二层指示灯亮，3 s 后 Y001 断开，则二层指示灯灭。断开 X001 即断开 SQ2，3 s 后 Y000 接通，三层指示灯亮，再过 2 s，Y004 断开，电梯上升指示灯灭。

⑦ 从三层到二层：接通 X000 即接通 SQ3，表示轿厢原停楼层为 3 层，按下 SB2，即 X004 接通一下，表示呼叫楼层 2，则 Y006 接通，二层呼叫指示灯亮，Y003 接通，表示电梯下降，过 1 s 后，Y000 接通，三层指示灯亮，3 s 后 Y000 断开，则三层指示灯灭。断开 X000 即断开 SQ3，3 s 后 Y001 接通，二层指示灯亮，再过 2 s，Y003 断开，电梯下降指示灯灭。

⑧ 从三层到一、二层：接通 X000 即接通 SQ3，表示轿厢原停楼层为 3 层，同时按下 SB1、SB2，即 X004、X005 同时接通一下，表示 1、2 楼层同时呼叫，则 Y006、Y007 都接通，一、二层呼叫指示灯亮，Y003 接通，表示电梯下降，过 1 s 后，Y000 接通，三层指示灯亮，3 s 后 Y000 断开，则三层指示灯灭。断开 X000 即断开 SQ3，3 s 后接通 X001 即接通 SQ2，1 s 后 Y001 接通，二层指示灯亮，过 2 s 后 Y001 断开，二层指示灯灭。断开 X001 即断开 SQ2，3 s 后 Y002 接通，底层指示灯亮，再过 2 s，Y003 断开，电梯下降指示灯灭。

⑨ 从二层到一、三层：接通 X001 即接通 SQ2，表示轿厢原停楼层为 2 层，同时按下 SB1、SB3，即 X003、X005 同时接通一下，表示 1、3 楼层同时呼叫，则 Y005、Y007 都接通，一、三层呼叫指示灯亮，先让电梯下降，则 Y003 接通，表示电梯下降，过 1 s 后，Y001 接通，二层指示灯亮，3 s 后 Y001 断开，则二层指示灯灭。断开 X001 即断开 SQ2，3 s 后接通 X002 即接通 SQ3，1 s 后 Y002 接通，底层指示灯亮，过 2 s 后 Y002、Y004 都断开，则底层指示灯、电梯下降指示灯灭。断开 X002，0.5 s 后电梯上升，Y004 接通，电梯上升指示灯亮。之后的电梯运行过程同"电梯从一层到三层"。

七、结果分析

按照控制要求画出梯形图，并写出相应的指令表程序，验证其正确性。

八、思考题

总结电梯控制程序的编程特点，若层数多于三层，有没有规律可循？

9.8 机械手动作的模拟

一、实训目的

了解 PLC 在工业中的应用，实现对具有两个自由度的机械手进行控制模拟。

二、实训预习要求

根据控制要求编制机械手动作程序。

三、实训器材

(1) 三菱可编程控制器。

(2) 三菱手持编程器。

（3）教学实验设备（机械手的模拟控制实验区面板如图 9 - 11 所示）。

图 9 - 11　机械手的模拟控制实验区面板

四、实训原理

利用顺序控制的设计思路实现该控制任务。

五、注意事项

接线时，启动、停止用动断按钮来实现，限位开关用钮子开关来模拟，接 PLC 的输入触点；电磁阀和原位指示灯接 PLC 的输出触点，并用发光二极管来模拟。

六、实训内容

资源分配如表 9 - 13 所示。

表 9 - 13　机械手动作模拟资源分配

信号作用	输入信号	控制对象	输出信号
SB1（启动）	X000	YV1	Y000
SB2（停止）	X005	YV2	Y001
SQ1	X001	YV3	Y002
SQ2	X002	YV4	Y003
SQ3	X003	YV5	Y004
SQ4	X004	HL	Y005

控制要求:图 9-12 为一个将工件由 A 处传送到 B 处的机械手,上升/下降和左移/右移的执行用双线圈二位电磁阀推动气缸完成。当某个电磁阀线圈通电时,就一直保持现有的机械手动作,例如一旦下降的电磁阀线圈通电时,机械手下降,即使线圈再断电,仍保持现有的下降动作状态,直到相反方向的线圈通电为止。另外,夹紧/放松由单线圈二位电磁阀推动气缸完成,线圈通电时执行夹紧动作,线圈断电时执行放松动作。设备装有上、下限位开关和左、右限位开关,它的工作过程如下图所示,共有八个动作(见图)。

原位 ──→ 下降 ──→ 夹紧 ──→ 上升 ──→ 右移

左移 ←── 上升 ←── 放松 ←── 下降

七、结果分析

按照控制要求画出功能表图、梯形图,并写出相应的指令表程序,验证其正确性。

八、思考题

如何编程实现机械手多关节手动和自动启动的独立切换?

第 10 章　PLC 控制拓展项目

10.1　两台 PLC 的通信

一、实训目的

学习使用功能指令，掌握 PLC 常用的一种通信模式。

二、实训预习要求

(1) 了解 PLC 组网的常见形式(可参考附录内容)。

(2) 根据控制要求编写实验程序。

三、实训器材

(1) 三菱可编程控制器。

(2) 三菱手持编程器。

(3) THPLC-A 型教学实验设备(FX1N-485-BD 功能扩展卡)。

四、实训原理

1. 并行传输

按 1∶1 方式可实现 FX_{1s} 内 50 个辅助继电器和 10 个数据寄存器的数据传输。

一般传输模式(特殊辅助继电器 M8162∶OFF)如图 10-1 所示。

```
主站  M8070  ON          自动通信        从站  M8071  ON
M400～M449/D230～D239  ────────────→  M400～M449/D230～D239
M450～M499/D240～D249  ←────────────  M450～M499/D240～D249
```

图 10-1　并行传输的一般传输模式

高速传输模式(特殊辅助继电器 M8162∶ON)如图 10-2 所示。

```
主站  M8070/M8162  ON      自动通信      从站  M8071/M8162  ON
D230～D239            ────────────→   D230～D239
D240～D249            ←────────────   D240～D249
```

图 10-2　并行传输的高速传输模式

2. N∶N 网络(针对 FX_{1s}-MR 型号)

(1) 有关标志位和数据寄存器的指令。

标志位的指令如表 10-1 所示。

表 10-1　标志位的相关指令

指令	辅助继电器	意　义	描　　述	回应类型
R	M8038	N∶N网络参数设定	用来设定N∶N网络参数	M，L
R	M504	主站通信错误	当主站通信错误时为ON	L
R	M505～M511	从站通信错误	当从站通信错误时为ON	M，L
R	M503	数据通信中	当与他站通信时为ON	M，L

注：R—只读；W—只写；M—主站(Master station)；L—从站(Slave station)。

数据寄存器的指令如表 10-2 所示。

表 10-2　数据寄存器的相关指令

指令	数据寄存器	意　义	描　　述	回应类型
R	D8173	从站号	保存有自身的站号	M
R	D8174	从站总数	保存有从站总数	M，L
R	D8175	刷新范围	保存有刷新范围	M，L
W	D8176	从站号设定	设定自身的站号	M，L
W	D8177	从站总数设定	设定从站总数	M
W	D8178	刷新范围设定	设定刷新范围	M
W/R	D8179	重试次数设定	设定重试次数	M
W/R	D8180	滞后时间设定	设定滞后时间	M
R	D201	当前网络搜寻时间	保存有当前网络搜寻时间	M，L
R	D202	最大网络搜寻时间	最大网络搜寻时间	M，L
R	D203	主站通信错误总数	主站通信错误总数 ＊1	L
R	D204～D210 ＊2	从站通信错误总数	从站通信错误总数 ＊1	M，L
R	D211	主站的通信出错码	主站的通信出错码 ＊1	L
R	D212～D218	从站的通信出错码	从站的通信出错码 ＊1	M，L
	D219～D255	未使用	内部处理使用	—

注：R—只读；W—只写；M—主站(Master station)；L—从站(Slave station)。

＊1 表示每站自己发生的通信错误总数不能被 CPU 错误状态、程序错误状态或者停止状态计数。

＊2 表示的数据寄存器和每个站的站号相对应。

从站 1 对应 D204、D212，从站 2 对应 D205、D213、……，从站 7 对应 D210、D218。

附：M503～M511 和 D201～D255 不能被用户程序使用，这些装置被同等地位的装置到同等地位的装置的通信网络使用。

（2）网络设定。当程序运行时或者可编程控制器的电源打开时，N∶N网络的设置将变得有效。

设定通信元件刷新范围如表 10-3 所示。

表 10 - 3 刷新范围设定

通信元件	刷新范围		
	0 型	1 型	2 型
位元件	0 点	32 点	64 点
字元件	4 点	4 点	8 点

附：请设定刷新范围为 0 型。当设定为其他类型时，所有 FX_{0N} 系列的系统将会发生通信错误。由于存在这种情况的发生，请注意 FX_{0N} 系列的通信错误使连接时间变长。

FX_{1S} 系列可编程控制器也只有这种方式（0 型），如表 10 - 4 所示。

表 10 - 4 0 型刷新方式

从站号	元件号	从站号	元件号	从站号	元件号	从站号	元件号
0	D0～D3	2	D20～D23	4	D40～D43	6	D60～D63
1	D10～D13	3	D30～D33	5	D50～D53	7	D70～D73

五、注意事项

实验过程中要核对是否需要终端电阻，如果是 1∶1 的通信实验，则两台机器都需要终端电阻，如果是 1∶7 的通信实验，则只有终端两台机器需要接该电阻。

六、实训内容

控制要求：通过两台 PLC 实现 PLC 的 1∶1 通信。

（1）主站输入继电器 X000 到 X007 的 ON/OFF 状态输出到从站的 Y000 到 Y007 继电器。

（2）从站中的 M0 到 M7 的 ON/OFF 状态输出到主站的 Y000 到 Y007 继电器。

（3）主站的 D0 值用于设定从站的计时器（T0）的值。

七、结果分析

按照控制要求画出梯形图，并写出相应的指令表程序，验证其正确性。

八、思考题

请分析两台主机通信时数据发送的匹配问题。

10.2 多台 PLC 的通信

一、实训目的

学习使用功能指令，掌握多 PLC 在工业现场的一种通信模式。

二、实训预习要求

（1）了解 PLC 组网的常见形式。

（2）加深对 PLC 通信技术的理解。

（3）根据控制要求编写实验程序。

三、实训器材

(1) 三菱可编程控制器。

(2) 三菱手持编程器。

(3) THPLC-A 型教学实验设备(FX1N-485-BD 功能扩展卡)。

四、实训原理

同 10.1 节的实训原理。

五、注意事项

实验过程中要核对是否需要终端电阻,如果是 1∶1 的通信实验,则两台机器都需要终端电阻,如果是 1∶7 的通信实验,则只有终端两台机器需要接该电阻。

六、实验内容

控制要求:通过八台 PLC 实现 PLC 的 1∶7 通信。

主站的输入继电器 X000 到 X007 输出到从站 1 的输出继电器 Y000 到 Y007。

从站 1 的输入继电器 X000 到 X007 输出到从站 2 的输出继电器 Y000 到 Y007。

从站 2 的输入继电器 X000 到 X007 输出到从站 3 的输出继电器 Y000 到 Y007。

······

从站 7 的输入继电器 X000 到 X007 输出到主站的输出继电器 Y000 到 Y007。

七、结果分析

按照控制要求画出梯形图,并写出相应的指令表程序,验证其正确性。

八、思考题

请分析 1∶1 通信和 1∶7 通信两种形式的区别。

10.3 可编程控制器的基本指令编程练习

一、实训目的

(1) 熟悉 PLC 实验装置。

(2) 练习手持编程器的使用。

(3) 熟悉系统操作。

(4) 掌握与、或、非逻辑功能的编程方法。

(5) 掌握定时器、计数器的正确编程方法,并学会定时器和计数器的扩展方法。

二、实训预习要求

(1) 熟悉手持编程器的使用方法。

(2) 根据实验内容编写实验程序。

三、实训器材

(1) 三菱可编程控制器。

(2) 三菱手持编程器。

(3) SAC-PC 可编程控制器教学实验设备。

四、实训原理

使用 PLC 的 X、Y、M、C、T、S 等编程元件和基本逻辑指令进行编程操作，结果由显示区显示，从而验证对其内部元件的正确使用方法。

五、实训内容

1. 与或非逻辑功能实验

（1）走廊灯两地控制。

资源分配如表 10-5 所示。

表 10-5　走廊灯两地控制资源分配

信号作用	输入信号	元件位置	控制对象	输出信号	元件位置
楼下开关	X001	开关信号区	走廊灯	Y000	声光显示区
楼上开关	X003	开关信号区			

控制要求：楼上、楼下开关均可实现对走廊灯的点亮或熄灭。

（2）走廊灯三地控制。

资源分配如表 10-6 所示。

表 10-6　走廊灯三地控制资源分配

信号作用	输入信号	元件位置	控制对象	输出信号	元件位置
走廊东侧开关	X001	开关信号区	走廊灯	Y000	声光显示区
走廊中间开关	X003	开关信号区			
走廊西侧开关	X005	开关信号区			

控制要求：走廊东侧、西侧、中间开关均可实现对走廊灯的点亮或熄灭。

2. 定时器/计数器功能实验

（1）通电断电延时控制。

资源分配如表 10-7 所示。

表 10-7　通电断电延时控制资源分配

信号作用	输入信号	元件位置	控制对象	输出信号	元件位置
开关	X001	开关信号区	显示器	Y000	声光显示区

控制要求时序图如图 10-3 所示。

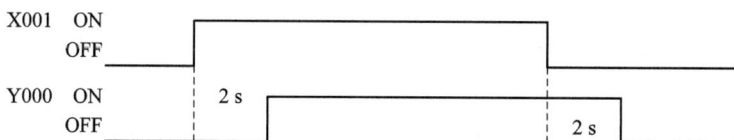

图 10-3　通电断电延时控制要求

（2）闪光报警控制。

资源分配如表 10-8 所示。

表 10 - 8 闪光报警控制资源分配

信号作用	输入信号	元件位置	控制对象	输出信号	元件位置
开关	X001	开关信号区	报警灯	Y000	声光显示区

控制要求时序图如图 10 - 4 所示。

图 10 - 4 闪光报警控制要求

（3）按键计数控制。

资源分配如表 10 - 9 所示。

表 10 - 9 按键计数控制资源分配

信号作用	输入信号	元件位置	控制对象	输出信号	元件位置
按键	X000	开关信号区	信号灯	Y000	声光显示区

控制要求：按键按下三次信号灯亮；再按两次，信号灯灭。

（4）定时器扩展实验。

资源分配如表 10 - 10 所示。

表 10 - 10 定时器扩展实验资源分配

信号作用	输入信号	元件位置	控制对象	输出信号	元件位置
启动	X000	开关信号区	定时到显示	Y000	声光显示区

控制要求：利用定时器和计数器完成 2 min 定时，其中定时器定时时间为 10 s，定时时间到后显示 3 s 后自动关断。

（5）圆盘正反转控制。

资源分配如表 10 - 11 所示。

表 10 - 11 圆盘正反转控制资源分配

输入信号	信号元件及作用	元件或端子位置
X000	正转信号按钮	直线区 任选
X001	反转信号按钮	直线区 任选
X002	停止信号按钮	直线区 任选
输出信号	控制对象及作用	元件或端子位置
Y000	电动机正转继电器	旋转区正转端子
Y001	电动机反转继电器	旋转区反转端子

（6）小车直线行驶正反向自动往返控制。

资源分配如表 10 - 12 所示。

10 - 12　小车直线行驶正反向自动往返控制资源分配

输入信号	信号元件及作用	元件或端子位置
X000	停止信号按钮	直线区 任选
X001	正转信号按钮	直线区 任选
X002	反转信号按钮	直线区 任选
X003	左限位行程开关	直线区 左数第一个
X004	左行程开关	直线区 左数第二个
X005	右行程开关	直线区 左数第三个
X006	右限位行程开关	直线区 左数第四个
输出信号	控制对象及作用	元件或端子位置
Y000	电动机正转继电器	直线区正转端子
Y001	电动机反转继电器	直线区反转端子

（7）圆盘旋转计数、计时、控制。

圆盘电动机启动后，旋转一周（对应光电开关产生 8 个计数脉冲）后，停 1 s，然后再转一周，以此规律反复，直到按下停止按钮为止。

资源分配如表 10 - 13 所示。

表 10 - 13　圆盘旋转计数、计时、控制资源分配

输入信号	信号元件及作用	元件或端子位置
X000	启动按钮	直线区 任选
X001	停止按钮	直线区 任选
X002	位置检测信号	旋转区
输出信号	控制对象及作用	元件或端子位置
Y000	电动机正转继电器	旋转区正转端子

（8）单方向顺序通断控制。

资源分配如表 10 - 14 所示。（输出信号可不接，在可编程控制器输出指示灯上观察。）

表 10 - 14　单方向顺序通断控制资源分配

输入信号	信号元件及作用	元件或端子位置
X000	移位按钮	直线区 任选
X001	复位按钮	直线区 任选

控制要求：八盏灯，用两个按钮控制，一个作为位移按钮，一个作为复位按钮，实现八盏信号灯单方向按顺序逐个亮或灭，相当于灯的亮灭按顺序作位置移动。当位移按钮按下时，信号灯依次从第一个灯开始向后逐个亮；按钮松开时，信号灯依次从第一个灯开始向后逐个灭。位移间隔时间为 0.5 s。当复位按钮按下时，灯全熄灭。

六、结果分析

按照控制要求画出梯形图，并写出相应的指令表程序。

七、思考题

设计一个实验用以验证脉冲输出指令。

10.4　十字路口交通信号灯控制实验

一、实训目的

熟练使用各项基本指令,根据控制要求,掌握 PLC 的编程方法和程序调试方法,使学生了解用 PLC 解决一个实际问题的全过程。

二、实训预习要求

按照控制要求采用顺序控制的设计思路完成程序编制。

三、实训器材

(1) 三菱可编程控制器。

(2) 三菱手持编程器。

(3) SAC-PC 型教学实验设备(同十字路口交通灯模拟控制实验区面板)。

四、实训原理

验证顺序控制中的步进顺控指令的编程方式。

五、注意事项

接线时,东西、南北的红、黄、绿灯分别接 PLC 的输出点,同时上部用发光二极管模拟显示其状态;SD 接 PLC 的输入点。

六、实训内容

资源分配如表 10-15 所示。

表 10-15　十字路口交通信号灯控制资源分配

元件位置	信号作用	输入	元件位置	控制对象	输出	控制对象	输出
直线区	SD(启动)	X000	交通信号灯区	1 红(南北)	Y000	2 红(东西)	Y003
				1 黄(南北)	Y001	2 黄(东西)	Y004
				1 绿(南北)	Y002	2 绿(东西)	Y005

控制要求:信号灯受一个启动开关控制,当启动开关接通时,信号灯系统开始工作,且先南北绿灯亮,东西红灯亮。当启动开关断开时,所有信号灯都熄灭。

南北绿灯亮维持 5 s,此时东西红灯亮并维持 10 s。南北绿灯亮 5 s 后再闪亮 3 s,而后熄灭,黄灯亮,并维持 2 s,结束后黄灯熄灭,红灯亮,同时,东西红灯熄灭,绿灯亮。

东西绿灯亮维持 5 s,此时南北红灯亮并维持 10 s。东西绿灯亮 5 s 后再闪亮 3 s,而后熄灭,黄灯亮,并维持 2 s,结束后黄灯熄灭,红灯亮。同时,南北红灯熄灭,绿灯亮,周而复始。此过程时序图如图 10-5 所示。

图 10-5　十字路口交通信号灯控制时序图

七、结果分析

按照控制要求画出功能表图、梯形图,并写出相应的指令表程序,验证其正确性。

八、思考题

若本项目采用经验设计法应如何实现?

10.5　传输线控制实验

一、实训目的

模拟实际工业对象,熟练掌握 PLC 的编程和程序调试。

二、实训预习要求

按照控制要求完成程序编制。

三、实训器材

(1) 三菱可编程控制器。

(2) 三菱手持编程器。

(3) SAC-PC 型教学实验设备(传输线实验区)。

四、实训原理

利用顺序控制的设计思路实现该控制任务。

五、注意事项

接线时,启动、停止按钮和料满、料缺传感器接 PLC 输入触点;卸料电磁阀和皮带 1、2、3 接 PLC 输出触点。

六、实训内容

资源分配如表 10-16 所示。

表 10-6 传输线控制资源分配

输入信号	信号元件及作用	元件或端子位置
X000	启动按钮	直线区 任选
X001	停止按钮	直线区 任选
X002	料欠传感器	输料线实验区
X003	料满传感器	输料线实验区
输出信号	控制对象及作用	元件或端子位置
Y000	卸料电磁阀	输料线实验区
Y001	皮带 1 作显示	输料线实验区
Y002	皮带 2 作显示	输料线实验区
Y003	皮带 3 作显示	输料线实验区

控制要求：按下启动按钮后，皮带 1 启动，经过 20 s 后，皮带 2 启动，再经过 20 s 后，皮带 3 启动，再经过 20 s 后，卸料阀打开，物料流下经各级皮带向下方传送进入下料仓。按下停止按钮后，卸料阀关闭，停止卸料，经过 20 s 后，皮带 3 停止，再经过 20 s 后，皮带 2 停止，再经过 20 s，皮带 1 停止。输料线启动顺序为顺物流方向，停止顺序为逆物流方向。输料线能够依据后续工序的料仓内料位检测状况自动运行，当检测到后续料仓内无料时自动启动、料满时则自动停止。

七、结果分析

按照控制要求画出功能表图、梯形图，并写出相应的指令表程序，验证其正确性。

八、思考题

如何通过修改程序，实现输送皮带的运转速度调整？

10.6 小车自动选向、定位控制实验

一、实训目的

模拟实际工业对象，熟练掌握 PLC 的编程和程序调试。

二、实训预习要求

按照控制要求完成程序编制。

三、实训器材

(1) 三菱可编程控制器。

(2) 三菱手持编程器。

(3) SAC-PC 型教学实验设备(直线实验区)。

四、实训原理

利用顺序控制的设计思路实现该控制任务。

五、注意事项

接线时，1、2、3、4 呼叫按钮和 1、2、3、4 行程开关及系统启动按钮接 PLC 输入触点；

电动机正、反转和停止按钮接 PLC 输出触点。

六、实训内容

资源分配如表 10 - 7 所示。

表 10 - 7　小车自动选向、定位控制资源分配

输入信号	信号元件及作用	元件或端子位置
X000	1 呼叫按钮	直线区　内选 1
X001	2 呼叫按钮	直线区　内选 2
X002	3 呼叫按钮	直线区　内选 3
X003	4 呼叫按钮	直线区　内选 4
X004	1 行程开关	直线区　1 行程开关
X005	2 行程开关	直线区　2 行程开关
X006	3 行程开关	直线区　3 行程开关
X007	4 行程开关	直线区　4 行程开关
X010	系统启动按钮	直线区　呼梯按钮 1
输出信号	控制对象及作用	元件或端子位置
Y000	电动机停止	
Y001	电动机正转继电器	直线区正转端子
Y002	电动机反转继电器	直线区反转端子

控制要求：该实验在直线控制区完成。小车行走由滑块动作示意，4 个呼叫按钮位置和编号与 4 个行程开关位置和编号上下对应。当所按下呼叫按钮的编号大于小车所在行程开关位置编号时，小车右行，行走到呼叫按钮对应的行程开关位置后停止；当呼叫按钮的编号小于小车所在行程开关位置时，小车左行，行走到呼叫按钮对应的行程开关位置后停止。

七、结果分析

按照控制要求画出功能表图、梯形图，并写出相应的指令表程序，验证其正确性。

八、思考题

该项目用经验设计法应如何实现？

10.7　电梯控制实验

一、实训目的

（1）通过对工程实例的模拟，熟练地掌握 PLC 的编程方法。

（2）进一步熟悉 PLC 的 I/O 连接。

（3）熟悉三层楼电梯的编程方法。

二、实训预习要求

按照控制要求完成程序编制。

三、实训器材

（1）三菱可编程控制器。

（2）三菱手持编程器。

（3）SAC-PC 型教学实验设备（直线实验区）。

四、实训原理

利用经验设计法编程实现该控制任务。

五、注意事项

（1）此实验接线较多，注意输入、输出信号线一定不要接错或接反，以免增加调试工作量。

（2）因 4 个行程开关为相互并联接线，所以引入同一输入信号端子上，当发生位置错误时，关掉可编程控制器电源，将滑块移至第一行程开关位置上，重新开机将内部位置计数器复位，同时将层信号置为一层。

（3）认真检查输入程序。根据执行中出现的错误逻辑现象，判断出错程序段，逐步缩小范围，最后纠正错误、完成调试。

六、实验内容

接线时，按照资源分配表进行。资源分配如表 10-18 与表 10-19 所示。

表 10-18　输入信号资源分配

输入信号	信号元件及作用	元件或端子位置
X000	内选 1 按钮	直线区　内选 1
X001	内选 2 按钮	直线区　内选 2
X002	内选 3 按钮	直线区　内选 3
X003	内选 4 按钮	直线区　内选 4
X004	1 上呼梯按钮	直线区　呼梯按钮
X005	2 上呼梯按钮	直线区　呼梯按钮
X006	3 上呼梯按钮	直线区　呼梯按钮
X007	2 下呼梯按钮	直线区　呼梯按钮
X010	3 下呼梯按钮	直线区　呼梯按钮
X011	4 下呼梯按钮	直线区　呼梯按钮
X012	1 层行程开关	直线区　1 行程开关
（并联）	2 层行程开关	直线区　2 行程开关
……	3 层行程开关	直线区　3 行程开关
……	4 层行程开关	直线区　4 行程开关
X013	手动开门按钮	开关信号区（代用）

表 10 - 19　输出信号资源分配

输出信号	控制对象及作用	元件或端子位置
Y000	电动机正转继电器	直线区　正转端子
（并联）	电梯上行指示	直线区　上行指示
Y001	电动机反转继电器	直线区　反转端子
（并联）	电梯下行指示	直线区　下行指示
Y002	1 楼层指示	直线区　1 层指示
Y003	2 楼层指示	直线区　2 层指示
Y004	3 楼层指示	直线区　3 层指示
Y005	4 楼层指示	直线区　4 层指示
Y006	有呼梯信号指示	声光显示区（蜂鸣器）
Y007	开门状态指示	声光显示区（信号灯）

控制要求：电梯为四层四站有司机驾驶客梯，轿厢行走有滑块动作示意，开门动作由信号灯指示示意。其他部分参考下面电梯控制逻辑关系和 I/O 分配表。

电梯控制逻辑关系如下：

（1）行车方向由内选信号决定，顺向优先执行；

（2）行车途中如遇呼梯信号时，顺向截车，反向不截车；

（3）内选信号、呼梯信号具有记忆功能，执行后解除；

（4）内选信号、呼梯信号、行车方向、行车楼层位置均由信号灯指示（因点数不够，只有行车方向和楼层位置由信号灯指示）；

（5）停层时可延时自动开门、手动开门、（关门过程中）本层顺向呼梯开门；

（6）有内选信号时延时自动关门，关门后延时自动行车；

（7）无内选信号时不能自动关门；

（8）行车时不能手动开门或本层呼梯开门，开门不能行车。

七、实验结果分析

按照控制要求画出梯形图，并写出相应的指令表程序，通过实验验证其正确性。

八、思考题

请总结电梯控制的编程特点。

10.8　刀具库管理控制实验

一、实训目的

模拟实际工业对象，熟练掌握 PLC 的编程和程序调试。

二、实训预习要求

按照控制要求完成程序编制。

三、实训器材

（1）三菱可编程控制器。

（2）三菱手持编程器。

（3）SAC-PC 型教学实验设备（圆盘旋转实验区）。

四、实训原理

利用顺序控制的设计思路实现该控制任务。

五、注意事项

（1）选择合适的速度以免产生丢数情况。

（2）位置发生错误时，关掉可编程控制器电源，将转盘 0 位移到最下方，并将码盘置 0 位，然后重新通电，将程序中位置计数器复位。

六、实验内容

接线时，按照资源分配表进行。资源分配如表 10 - 20 所示。

表 10 - 20 刀具库管理控制资源分配

输入信号	信号元件及作用	元件或端子位置
X000	码盘开关 1 位	码盘开关
X001	码盘开关 2 位	码盘开关
X002	码盘开关 3 位	码盘开关
X003	码盘开关 4 位	码盘开关
X004	启动按钮	直线区 按钮任选
X005	位置传感器	旋转区 位置传感器
X006	点动按钮	直线区 按钮任选
输出信号	控制对象及作用	元件或端子位置
Y000	电动机正转继电器	旋转区正转端子
Y001	电动机反转继电器	旋转区反转端子

控制要求：圆盘模拟数控加工中心刀具库，刀具库上有 8 个位置，表示能存放 8 把刀具，编号为 0 ～ 7。圆盘能正、反向旋转，当数码盘拨出所需刀具数字编号时，按下启动按钮，即可将码盘数据输入，同时圆盘按就近方向旋转，将所需刀具从当前存放位置转到正下方出口处停下。要求动作执行是以就近旋转取出刀具为目的。

例如：8 种刀具，一半是 4 种，当（码盘）设定值与出口处当前位置值之差大于等于 4 时正转（顺时针），小于 4 时反转（逆时针）。

若设定值为 6，当前值为 1，6－1＝5＞4，码盘正转；若设定值为 7，当前值为 5，

$7-5=2<4$，码盘反转；若设定值为 0，当前值为 3，$0-3=-3$，结果为负数时，则用(模)8$-3=5>4$，码盘正转。

七、结果分析

按照控制要求画出梯形图，并写出相应的指令表程序，通过实验验证其正确性。

八、思考题

如何修改程序，完成刀具的自由选择？

附　录

1. 网孔板

本装置的网孔板材质为 1.5 mm 厚的工业不锈钢板，外形尺寸为 30 mm×720 mm× 500 mm，孔数为 3000 个左右，单孔尺寸为 10 mm×5 mm，绝对间距为 3 mm，采用高精度大型数控冲床单模头挖冲而成。设备加工精度极高，行程偏差范围为 ±0.02 mm/m，保证了不锈钢钢板在加工中的精度与美观要求。该装置通过对吸螺丝能牢固、快捷地将元器件安装在网孔板上，其科学的孔距能保证各种元件安装在任意位置上，满足各类教学标准配盘。网孔板的额定垂直载荷为 25 kg。

网孔板实验台及其实验室布局如附图 1-1 所示。实验实训屏即为不锈钢网孔板，牢固耐用；架构采用钢质框架，插槽式安装，安装更快捷、方便，并保证能快速装卸。网孔板的网孔符合国际电器元件的安装孔距，不采用临时性的接插件，完全具备实训特点。

附图 1-1　网孔板实验台及其实验室布局示意图

2. 实验台及实验桌

实验台及实验桌采用 1.2 mm 壁厚的优质铝合金结构，模具化加工，金属表面经酸洗、磷化等化学防锈处理后高压静电均匀喷涂环氧树脂粉末（90 μm），具有耐高温、抗腐蚀的功能。其上装有 4 个万向调节转动轮子，并装有刹车系统。台面为高密度防火板，具有耐磨、防火性能好的特点，适合于科研和教学场所，有多种颜色可供选择。

3. 电源控制屏及其组件部分

电源控制屏及其组件采用铝底板，进口油墨丝印，清晰耐用。其布局美观，操作耐用，提供 380 V 插座（带 PE 接地），220 V 六路插座，供外接设备使用。其设有专用钥匙开关，必须取得老师的许可才能使用，杜绝学生随意通电，非法操作。电源采用多重保护措施，含漏电断路器，钥匙开关、急停开关的使用提高了实验台的安全性。

设备具备完备的安全保护装置，能最大程度地保护学生在电气实训中的用电安全，其具体措施如下：

（1）设备电源采用 TN-S 系统，尽最大可能提供用电保护：

① 设有三相 4P 剩余电流动作断路器，对单、三相电源、负载提供安全的漏电、过压、过流、短路等保护，漏电保护动作电流≤30 mA，动作分断时间<30 ms，可以保障学生的人身安全，防止设备引发泄漏电流造成安全事故；

② 具有欠压保护，当系统电压低于额定电压的 65％时，装置自动切断主电源，具备重复来电分断自锁功能；

③ 该实训装置主电源采用钥匙开关与剩余电流动作断路器双重控制，可有效防止学生出现乱送电现象，方便教师管理，保护学生安全。

（2）设备设有直流可调开关电源 DC 0～30 V 两组，具备短路保护自动恢复功能和 LED 过载指示。

（3）选用元器件均采用国家标准安全认证的 CCC 产品和国内外名牌产品，连接元件与实训课题元件采用新型安全型元件。

（4）控制面板人机界面标示清楚，区域划分科学明确，便于学生实训，设有显著的电源指示灯，可清楚地提醒设备使用人员的电源通断情况。

（5）设有急停自锁装置，在紧急状况下能迅速分断设备总电源。

（6）整个装置均为等电位连接 PE 保护。

（7）装置电源箱的电源插座均为欧洲标准安全实训插座，耐压可达 1000 V，科学的高电位隐蔽结构可实现带电防触功能。

（8）测试线采用国际实训室、实验室通用的叠插头实训测试线，能杜绝学生在实训过程中的触电危险。

（9）工作区可敷设绝缘等级在 1 kV 以上的工业级绝缘橡胶垫，抗划伤、抗腐蚀，保证长时间使用。

① 外形尺寸：1600 mm×650 mm×1600 mm；

② 工作电源：交流三相五线制 AC 380±10％，50 Hz；

③ 输入功率：小于 1.5 kVA。

参 考 文 献

[1]　鲍洁秋. 电工实训教程[M]. 北京：中国电力出版社，2015.

[2]　夏菽兰. 电工实训教程[M]. 北京：人民邮电出版社，2014.

[3]　顾江. 电子设计与制造实训教程[M]. 西安：西安电子科技大学出版社，2016.

[4]　王辅春. 电工与电子技术实验教程[M]. 重庆：重庆大学出版社，2016.

[5]　祝燎. 电工学实验指导教程[M]. 天津：天津大学出版社，2016.

[6]　高有华，袁宏. 电工技术[M]. 北京：机械工业出版社，2016.

[7]　毕淑娥. 电工与电子技术[M]. 北京：电子工业出版社，2016.

[8]　徐英鸽. 电工电子技术课程设计[M]. 西安：西安电子科技大学出版社，2015.

[9]　穆克. 电工与电子技术学习指导[M]. 北京：化学工业出版社，2016.

[10]　李光. 电工电子学[M]. 北京：北京交通大学出版社，2015.

[11]　郑先锋，王小宇. 电工技能与实训[M]. 北京：机械工业出版社，2015.